高等院校计算机类专业"互联网+"创新规划教材

C语言程序设计实验教程
(第2版)

主　编　王莉莉　王　妍
副主编　刘　杰　黄　亮

内 容 简 介

本书是北京大学出版社出版的《C 语言程序设计教程(第 2 版)》的配套实验指导教材。本书内容从教学实际需要出发，兼顾不同学生的实际计算机水平，共设置了五部分内容：第一部分给出了每章主要内容的上机指导，对学生上机中易犯的错误进行了细致的分析；第二部分给出了配合教学并培养学生动手和独立思考能力的 16 个实验项目；第三部分为提高学生程序设计的综合能力给出了不同类型的课程设计题目，对学习内容进行一定的拓展；第四部分给出部分习题解答及分析；第五部分为配合学生期末复习给出了 4 套自测练习题和 2 套全国计算机等级考试二级 C 语言程序设计模拟题。附录部分不仅给出了实验报告和课程设计报告的参考样本，还分析了编译 C 语言程序时出现的常见错误。通过使用本书，学生可以体会、消化、掌握和应用 C 语言程序设计的相关知识和技术。

本书通俗易懂，逻辑性强，实验内容设置合理，适合作为各类高等院校 C 语言程序设计课程的实验教学用书，也可以作为学习 C 语言程序设计的辅助教材和参考书。

图书在版编目(CIP)数据

C 语言程序设计实验教程 / 王莉莉，王妍主编. -- 2 版. -- 北京 : 北京大学出版社，2025.6. -- (高等院校计算机类专业"互联网+"创新规划教材). -- ISBN 978-7-301-36104-7

Ⅰ. TP312.8

中国国家版本馆 CIP 数据核字第 2025QH8719 号

书　　　名	C 语言程序设计实验教程(第 2 版)
	C YUYAN CHENGXU SHEJI SHIYAN JIAOCHENG (DI-ER BAN)
著作责任者	王莉莉　王　妍　主编
策划编辑	郑　双
责任编辑	黄园园　郑　双
标准书号	ISBN 978-7-301-36104-7
出版发行	北京大学出版社
地　　　址	北京市海淀区成府路 205 号　100871
网　　　址	http://www.pup.cn　新浪微博：@北京大学出版社
电子邮箱	编辑部 pup6@pup.cn　总编室 zpup@pup.cn
电　　　话	邮购部 010-62752015　发行部 010-62750672　编辑部 010-62750667
印刷者	北京圣夫亚美印刷有限公司
经销者	新华书店
	787 毫米×1092 毫米　16 开本　14.5 印张　353 千字
	2015 年 8 月第 1 版　2025 年 6 月第 2 版　2025 年 6 月第 1 次印刷
定　　　价	39.00 元

未经许可，不得以任何方式复制或抄袭本书之部分或全部内容。
版权所有，侵权必究
举报电话：010-62752024　电子邮箱：fd@pup.cn
图书如有印装质量问题，请与出版部联系，电话 010-62756370

第 2 版前言

C 语言程序设计是一门实践性很强的计算机基础课程,该课程的学习有其自身的特点。C 语言功能强、编程限制少、灵活性大,这意味着用 C 语言编程不好把握、易出错、难检错、调试困难。因此,对使用者的要求较高,尤其是初学者会感到很难学,普遍反映上课能听懂,课后不能解题,编程无从下手。为此,我们编写了《C 语言程序设计实验教程(第 2 版)》。本书力图做到概念叙述简明清晰、通俗易懂,例题、习题针对性强,希望本书能够成为读者学习 C 语言程序设计过程中解惑的工具、能力培养的助手。

本书配合主教材使用,在教学和实践中起到了较好的辅助作用。使用本书时,学习者必须通过大量的编程训练,在实践中掌握程序设计语言,培养程序设计的基本能力,并逐步理解和掌握程序设计的思想和方法,为后续的课程设计及其他应用做好充分的准备。具体地说,通过上机实践,学生应达到以下几点要求。

(1) 学生能很好地掌握程序设计开发环境的基本操作方法(如 Microsoft Visual C++ 2010 Express),掌握应用程序开发的一般步骤。

(2) 在程序设计和程序调试的过程中,学生可以进一步理解教材中各章节的主要知识点,特别是一些语法规则的理解和运用,程序设计中的常用算法和构造及应用,也就是所谓"在编程中学习编程"。

(3) 通过上机实践,提高学生的程序分析、程序设计和程序调试能力。

本书采用 Microsoft Visual C++ 2010 Express 作为实验环境,全书共分五个部分,每部分都有明确的针对性。

第一部分是上机指导,通过典型例题归纳出学生平时上机容易出现的问题,以及知识点掌握薄弱的环节,指导学生掌握在 Microsoft Visual C++ 2010 Express 环境下进行程序调试的方法。

第二部分是实验项目,共设计了 16 个实验,实验项目的选择既考虑了知识点的覆盖面,以培养学生程序设计的能力为主线,达到巩固课堂所学知识的目的,又重点兼顾了计算机等级考试的能力训练,旨在培养学生的综合能力。读者可以在实际训练中由浅入深地学习,逐步熟悉编程环境,掌握程序调试方法,理解和掌握程序设计的思想、方法和技巧。

第三部分是课程设计,给出了不同类型课程设计的题目,旨在拓宽学生的知识面和加大学习深度,便于进一步的学习。

第四部分是习题解析,通过对习题进行解析使学生进一步掌握 C 语言编程知识,并加入大量的全国计算机等级考试二级 C 语言程序设计真题,以提高学生的解题能力。

第五部分是自测练习，给出了 4 套自测练习题，以及两套全国计算机等级考试二级 C 语言程序设计模拟题，配合学生在期末总复习及等级考试时进行自测练习。

本书的主要特点是内容丰富、结构紧凑、选题典型、重点突出。对初学 C 语言程序设计课程的学生来说，本书既可作为学习过程的指导书，又可作为期末复习的参考书。

本书的具体编写分工为：第一部分由王莉莉编写，第二部分由王妍编写，第三部分由黄亮编写，第四部分由王莉莉编写，第五部分由刘杰编写。本书由王莉莉统稿，杨忠宝审稿。书中所有程序均在 Microsoft Visual C++ 2010 Express 环境下调试通过。

本书在编写过程中，参考了大量有关 C 语言程序设计的书籍和资料，编者在此对相关作者表示感谢。在本书的编写过程中，长春工程学院计算机技术与工程学院基础教学部的教师提出了很多宝贵意见和建议，在此表示感谢。

由于编者水平有限，书中难免存在疏漏和不足之处，恳请广大师生及读者不吝赐教，给予指正。编者联系方式：107043009@qq.com。

编　者

2025 年 1 月

目　　录

第一部分　上机指导 ·· 1
   1.1　第 1 章上机练习 ·· 1
   1.2　第 2 章上机练习 ·· 10
   1.3　第 3 章上机练习 ·· 13
   1.4　第 4 章上机练习 ·· 15
   1.5　第 5 章上机练习 ·· 18
   1.6　第 6 章上机练习 ·· 21
   1.7　第 7 章上机练习 ·· 25
   1.8　第 8 章上机练习 ·· 29
   1.9　第 9 章上机练习 ·· 31
   1.10　第 10 章上机练习 ·· 35

第二部分　实验项目 ·· 39
   2.1　C 语言程序设计初步 ·· 39
   2.2　顺序结构程序设计 ·· 40
   2.3　选择结构程序设计 ·· 42
   2.4　单层循环程序设计 ·· 45
   2.5　嵌套循环程序设计 ·· 47
   2.6　一维数组程序设计 ·· 50
   2.7　二维数组程序设计 ·· 53
   2.8　字符数组程序设计 ·· 56
   2.9　函数调用程序设计 ·· 59
   2.10　递归函数和数组作为参数程序设计 ·· 61
   2.11　指针与变量程序设计 ·· 64
   2.12　指针与数组程序设计 ·· 67
   2.13　指针与字符串程序设计 ·· 70
   2.14　结构体程序设计 ·· 73
   2.15　文件程序设计 ·· 76
   2.16　综合程序设计(大作业) ·· 79

第三部分 课程设计 ... 80

- 3.1 概述 ... 80
- 3.2 总体要求 ... 80
- 3.3 课程设计样例——学生成绩统计 ... 81
- 3.4 课程设计题目 ... 84

第四部分 习题解析 ... 95

- 4.1 C 语言概述 ... 95
- 4.2 数据类型、运算符与表达式 ... 97
- 4.3 顺序结构程序设计 ... 101
- 4.4 选择结构程序设计 ... 106
- 4.5 循环结构程序设计 ... 112
- 4.6 数组 ... 119
- 4.7 函数 ... 126
- 4.8 指针 ... 136
- 4.9 结构体和链表 ... 146
- 4.10 文件 ... 156
- 4.11 编译预处理 ... 160
- 4.12 位运算 ... 163

第五部分 自测练习 ... 166

- 5.1 自测练习第 1 套 ... 166
- 5.2 自测练习第 2 套 ... 173
- 5.3 自测练习第 3 套 ... 180
- 5.4 自测练习第 4 套 ... 186
- 5.5 全国计算机等级考试二级 C 语言程序设计模拟题 1 ... 193
- 5.6 全国计算机等级考试二级 C 语言程序设计模拟题 2 ... 203

附录 ... 213

- 附录 A 实验报告参考样本 ... 213
- 附录 B 课程设计报告参考样本 ... 214
- 附录 C C 语言常见错误(中英对照) ... 216

参考文献 ... 224

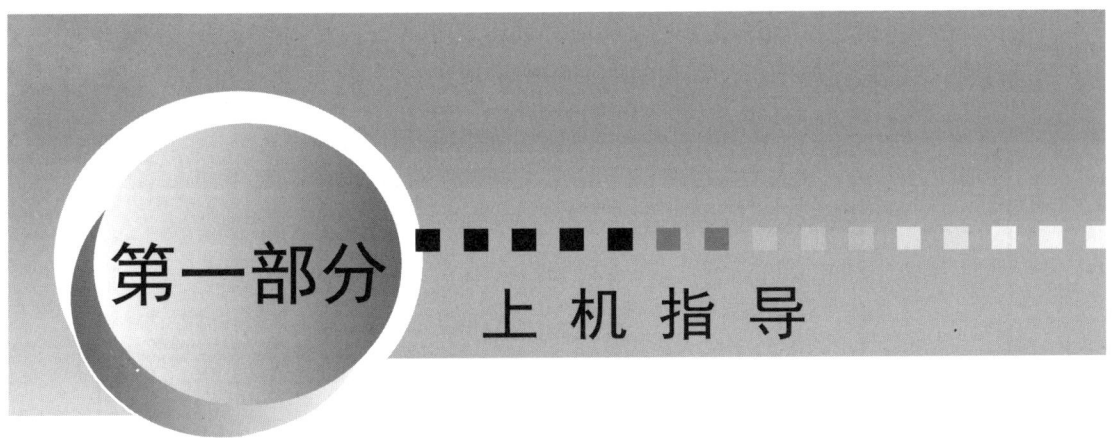

第一部分 上机指导

1.1 第 1 章上机练习

一、基本要求

1. 熟悉 Microsoft Visual C++ 2010 Express 的启动和操作界面。
2. 熟悉 Microsoft Visual C++ 2010 Express 的常用菜单命令项及运行环境。
3. 熟悉 C 语言程序的基本结构,掌握 C 语言程序的编辑、调试和运行的全过程。

二、上机指导

1. Microsoft Visual C++ 2010 Express 的启动。

Microsoft Visual C++ 2010 Express 安装完成后,若桌面上已自动建立了 Microsoft Visual C++ 2010 Express 的快捷图标,则双击快捷图标即可启动;也可以通过单击桌面上的"开始"按钮,选择"程序"中的 Microsoft Visual Studio 2010 Express 菜单,然后单击 Microsoft Visual C++ 2010 Express 选项,完成启动。

2. Microsoft Visual C++ 2010 Express 操作界面。

Microsoft Visual C++ 2010 Express 启动后,屏幕会出现一个标题为"起始页"的窗口,如图 1.1 所示。单击"新建项目"链接,打开"新建项目"窗口,选择"Win32 控制台应用程序",给文件命名,如"01-张三",单击"浏览"按钮,选择文件保存位置,如图 1.2 所示。单击"确定"按钮,打开如图 1.3 所示的"Win32 应用程序向导"对话框。单击"下一步"按钮,在出现的对话框中勾选"空项目"复选框,最后单击"完成"按钮,如图 1.4 所示。进入 Microsoft Visual C++ 2010 Express 集成开发环境的主窗口,如图 1.5 所示。

Microsoft Visual C++ 2010 Express 集成开发环境主窗口主要包括标题栏、菜单栏、工具栏、解决方案资源管理器、文件编辑区、输出区和状态栏等。

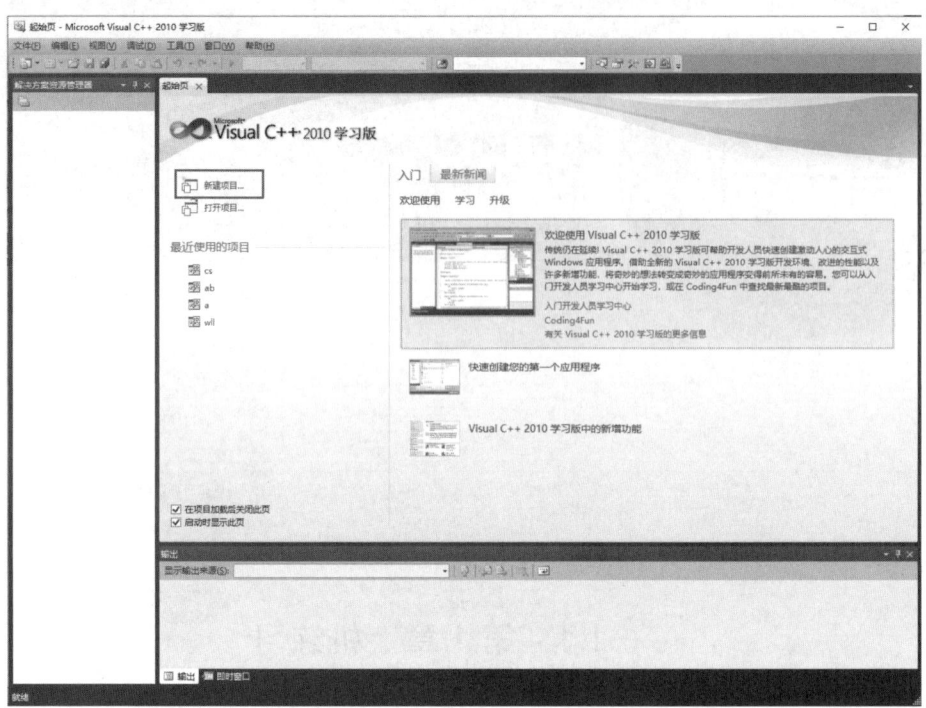

图 1.1　Microsoft Visual C++ 2010 Express 的"起始页"窗口

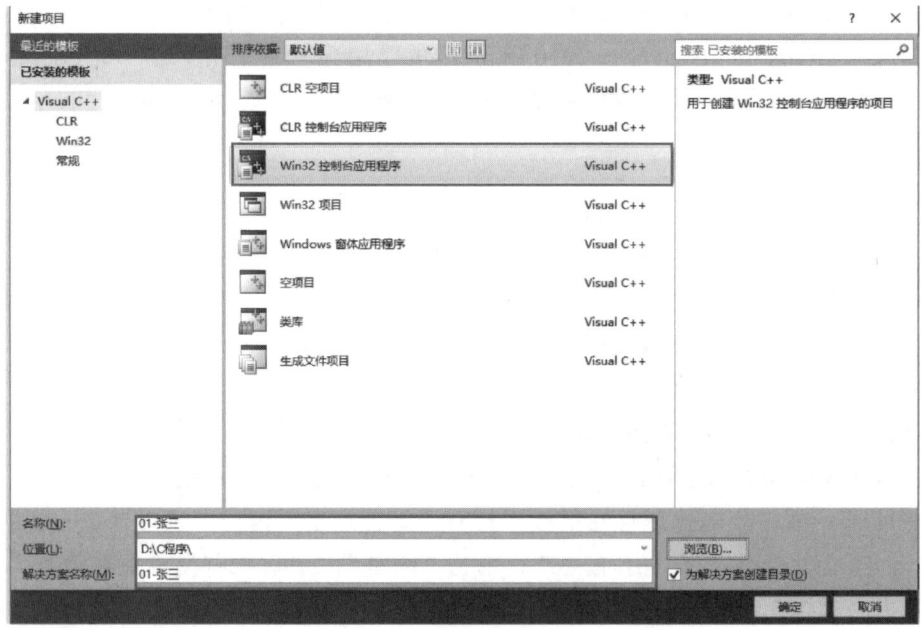

图 1.2　新建一个项目

第一部分 上机指导

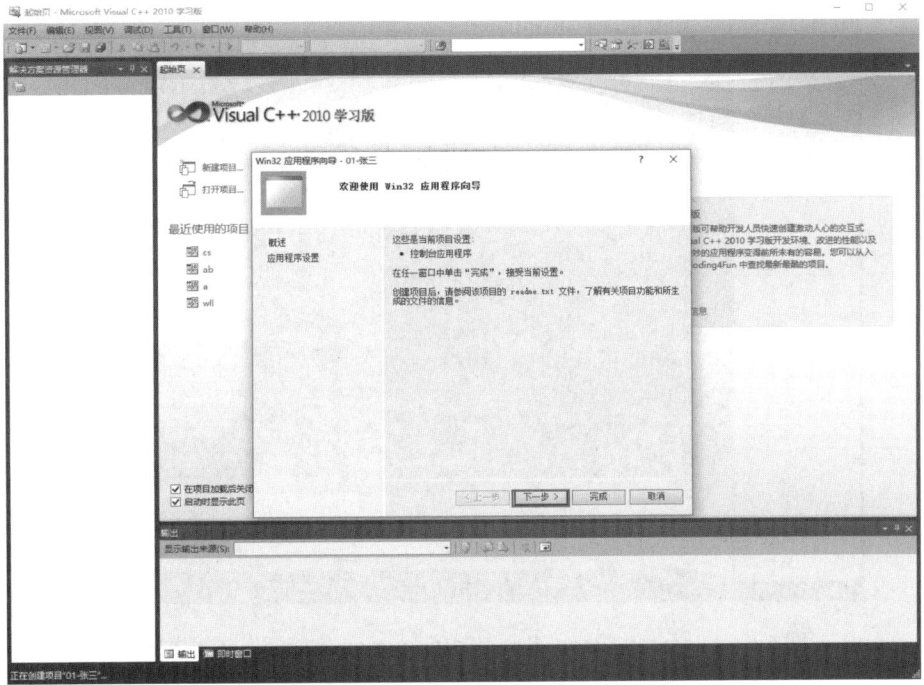

图 1.3 "Win32 应用程序向导"对话框

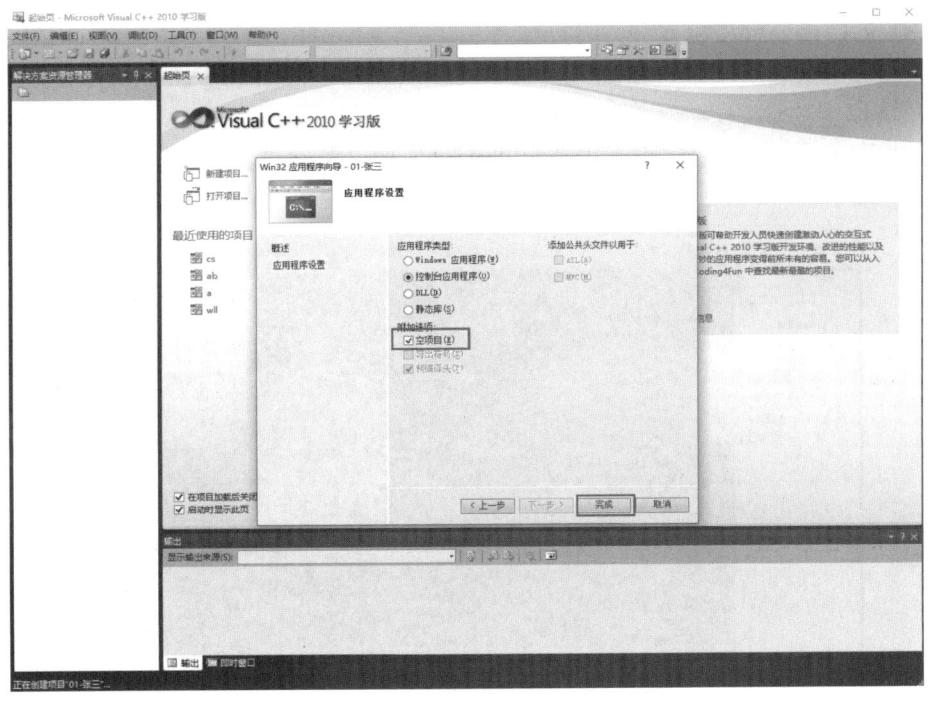

图 1.4 建立一个空项目

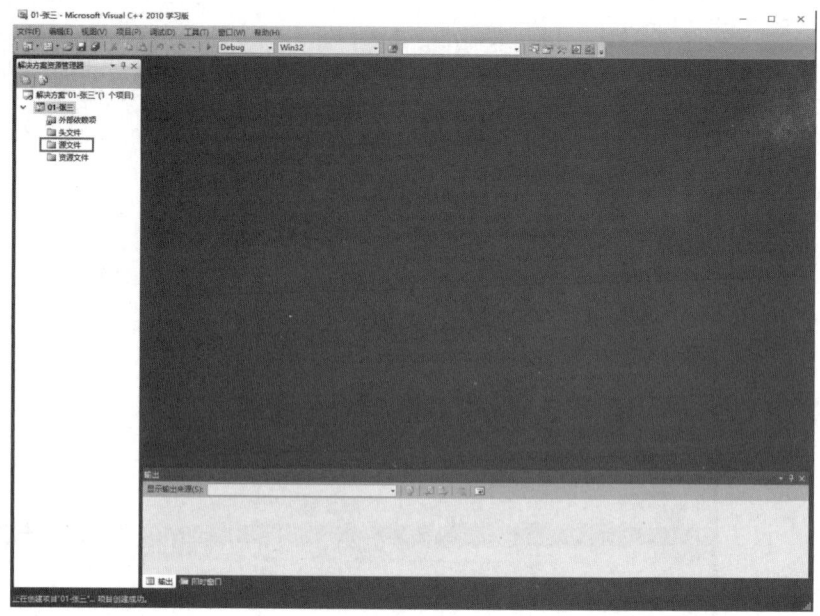

图 1.5 Microsoft Visual C++ 2010 Express 集成开发环境主窗口

3. 在 Microsoft Visual C++ 2010 Express 环境下，开发 C 语言程序的操作步骤。

(1) 启动 Microsoft Visual C++ 2010 Express，进入主窗口。

(2) 建立 C 语言程序源文件。

右击"源文件"，选择"添加"→"新建项"命令，如图 1.6 所示。在打开的"添加新项"对话框中选择"C++文件(.cpp)"，单击"名称"后的文本框，将文件命名为"01-张三.c"或"01-张三.cpp"，因为是编写 C 语言程序，所以一定要加".c"或".cpp"扩展名，如图 1.7 所示。最后单击"添加"按钮，打开代码编辑界面，如图 1.8 所示。

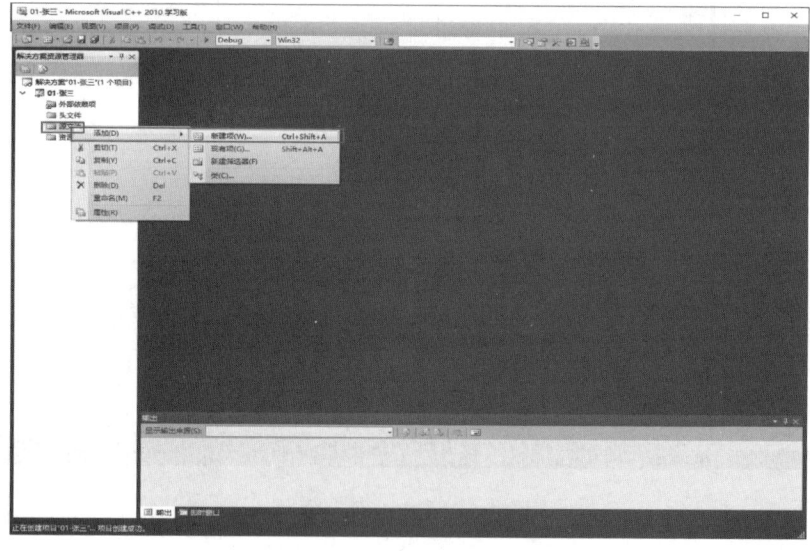

图 1.6 选择"添加"→"新建项"命令

第一部分　上机指导

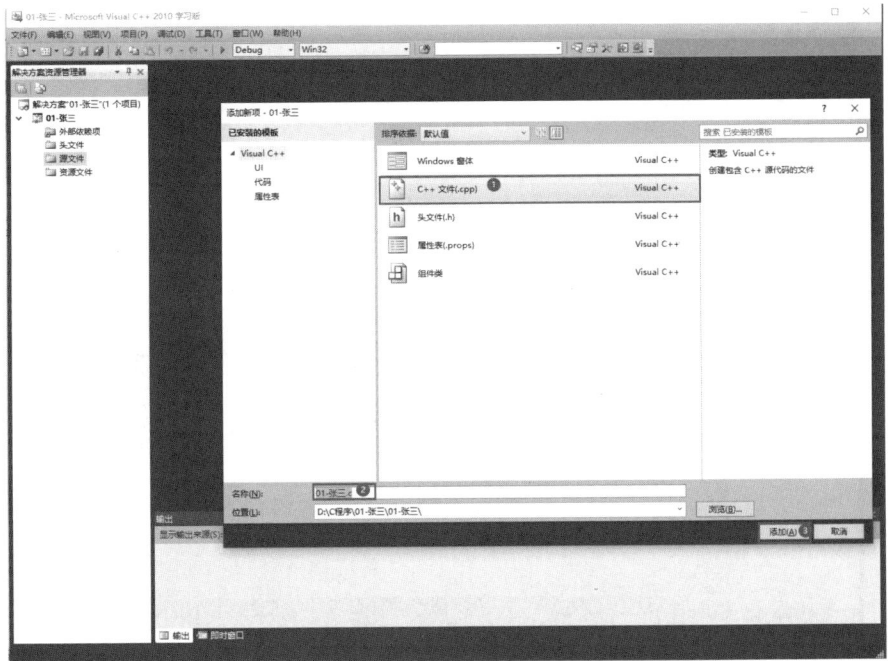

图 1.7　新建 C 语言程序源文件

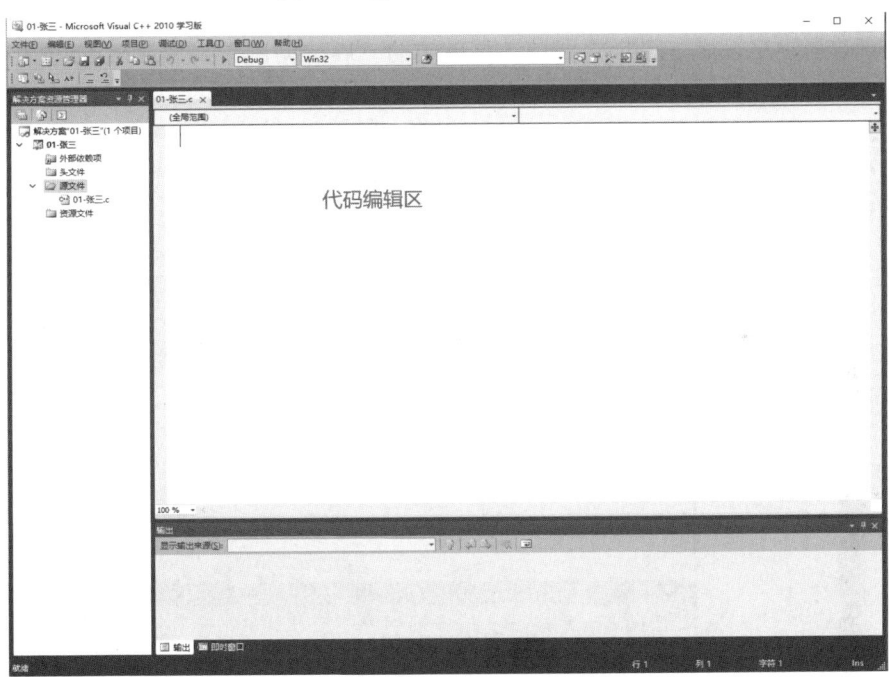

图 1.8　代码编辑界面

现在就可以在代码编辑区中编辑代码了。

以求两个整数的和为例说明程序开发过程，如图 1.9 所示。

C语言程序设计实验教程(第2版)

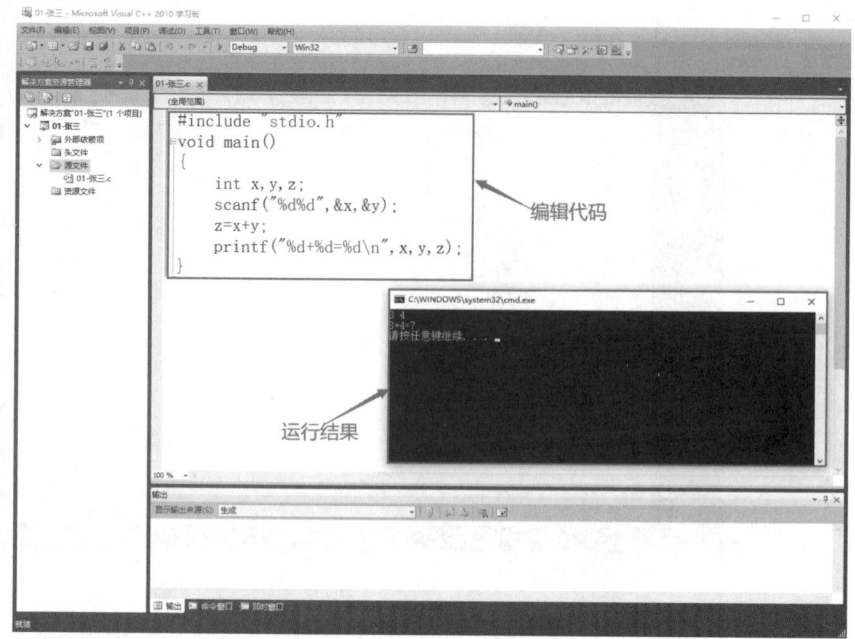

图1.9 两个整数求和程序开发过程

(3) 调试程序。

C语言程序建立以后，选择"调试"菜单中的"启动调试"命令或按F5键进行程序调试，选择"开始执行(不调试)"命令或按Ctrl+F5组合键进行程序运行。

第一次运行时，若出现如图1.10所示的错误提示，可以通过以下两种方法解决。

解决方法一：在解决方案资源管理器中单击空白区域，然后选择"项目"→"属性"命令，如图1.11所示。

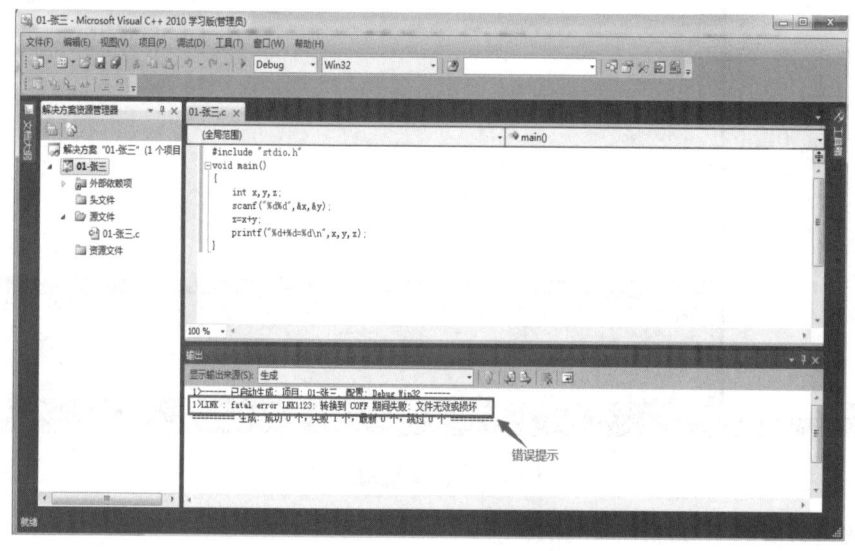

图1.10 LNK1123错误提示

第一部分　上机指导

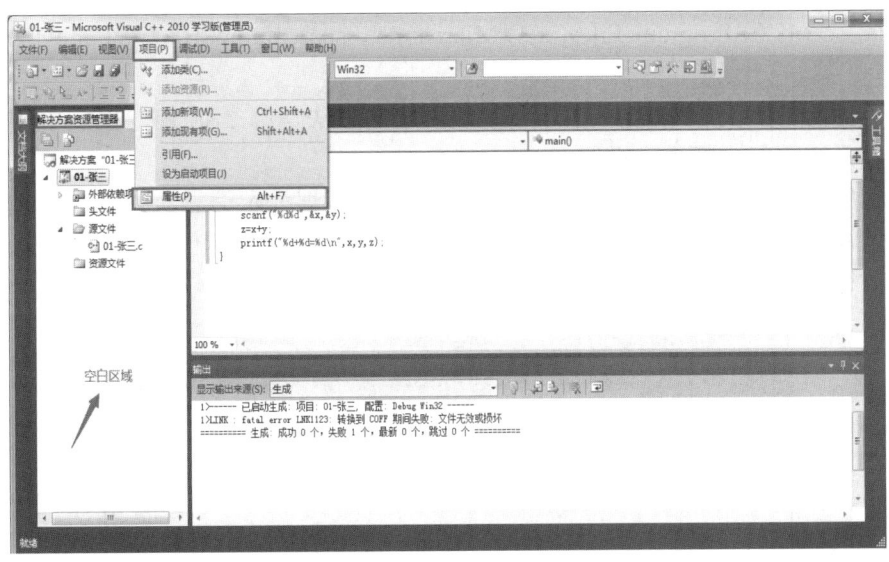

图 1.11　LNK1123 错误提示解决方法一(第一步)

在打开的对话框中选择"配置属性"下的"清单工具"选项，再选择"输入和输出"选项，将"嵌入清单"后的"是"改为"否"，单击"应用"按钮，最后单击"确定"按钮即可，如图 1.12 所示。

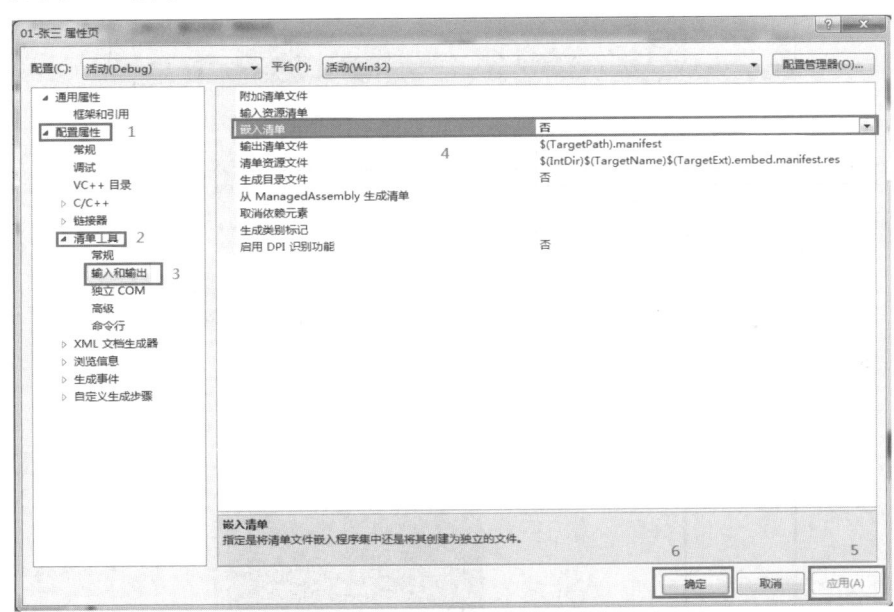

图 1.12　LNK1123 错误提示解决方法一(第二步)

解决方法二：查看计算机是否为 64bit 操作系统，如果是，则继续执行如下操作。

查找是否有两个 cvtres.exe 文件，即 C:\Program Files(x86)\Microsoft Visual Studio 10.0\vc\bin\cvtres.exe 和 C:\Windows\Microsoft.NET\Framework\v4.0.30319\cvtres.exe。

删除或重命名 C:\Program Files(x86)\Microsoft Visual Studio 10.0\vc\bin\cvtres.exe 这个文件即可。

对于上述两种解决方法，能从根本上解决问题的方法是第二种，删除旧版本的cvtres.exe文件后，就不需要每次都进行设置了。

如果程序代码有错误，在主窗口的输出区会显示错误提示信息，如图 1.13 所示。用户可以根据错误提示信息重新编辑程序代码。(注意：双击错误提示信息即可将光标移动到错误代码所在行。)

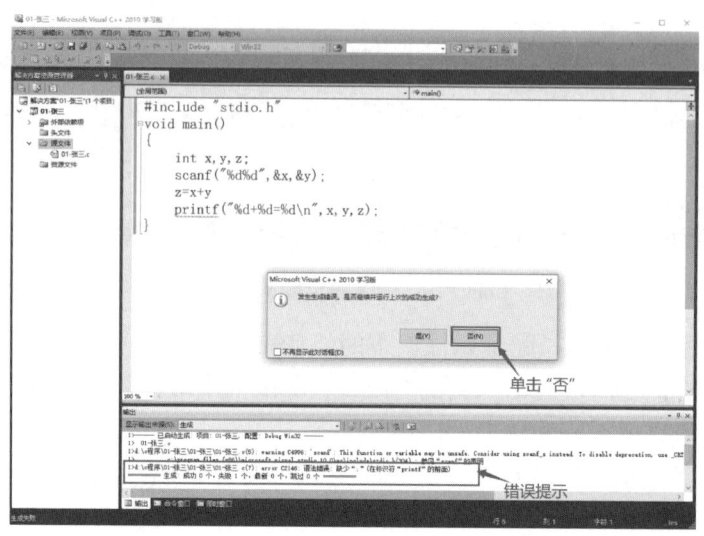

图 1.13　程序错误提示信息

程序修改完成后，重新进行编译。如果程序正确，则在主窗口的输出区显示编译通过信息，并显示运行结果，如图 1.14 所示。

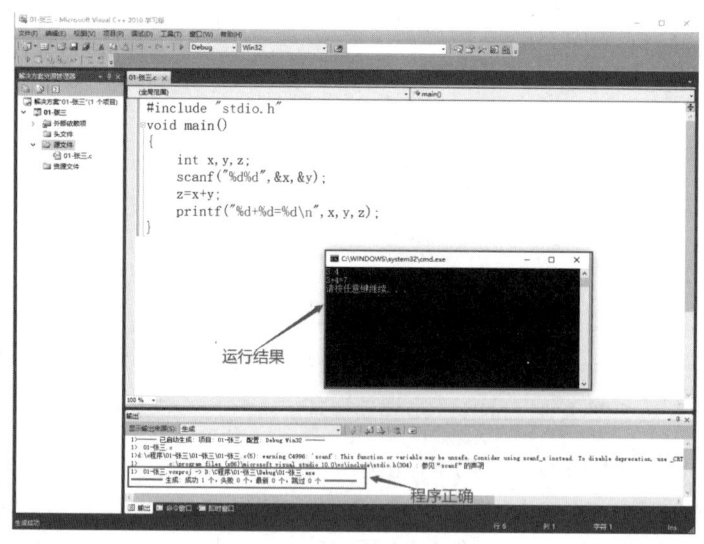

图 1.14　程序正确运行结果

4. 根据以上步骤，编辑运行一个简单的 C 语言程序，输出字符串"This is a C program"。

```
#include"stdio.h"
void main()
{ printf("This is a C program \n");
}
```

运行结果如图 1.15 所示。

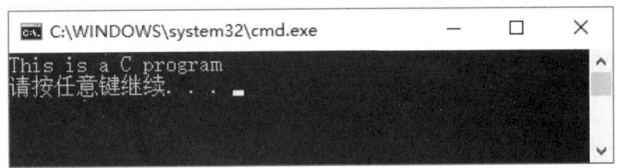

图 1.15　运行结果

提示：

(1) 程序中 main 表示主函数，每个 C 语言程序都必须有一个 main 主函数。函数体由花括号"{}"括起来。

(2) 程序中的 printf 是 C 语言的标准输出函数，其中双引号括起来的字符串原样输出，\n 是换行符，即在输出 This is a C program 后按 Enter 键换行。

(3) 每条语句后必须有一个分号。

(4) 程序开头的#include "stdio.h"用来实现头文件的包含，表示用户可以使用 C 语言系统库函数。

5. 编辑并运行程序，任意输入两个整数，计算平均数。

```
#include "stdio.h"
void main()
{ int a,b;                  /* 定义整型变量 a，b */
  float c;                  /* 定义浮点型变量 c */
  scanf("%d%d",&a,&b);      /* 输入两个整数 */
  c=(a+b)/2.0;              /* 计算两个整数的平均数 */
  printf("everage=%f \n",c); /* 输出平均数结果 */
}
```

运行结果如图 1.16 所示。

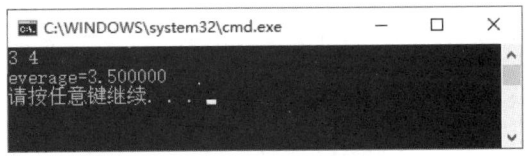

图 1.16　运行结果

提示：

(1) 程序中的 a、b、c 是 C 语言中不同数据类型的变量，其中 a、b 是整型变量，c 是浮点型变量。

(2) 程序中的 scanf 是 C 语言的标准输入函数。在进行数据的输入输出时，会经常用到格式说明符，如%d、%f 分别控制整型数据和浮点型数据。

1.2　第 2 章上机练习

一、基本要求

1. 掌握 C 语言的数据类型，变量的定义及赋值方法。
2. 掌握 C 语言的运算符、表达式及运算规则。
3. 掌握数据的输入输出方法。

二、上机指导

1. 编辑并运行程序，分析运行结果。

```
#include "stdio.h"
void main()
{  int x,y,z;
   x=129;
   y=0127;
   z=0x128;
   printf("%d,%d,%d\n",x,y,z);
   printf("%o,%o,%o\n",x,y,z);
   printf("%x,%x,%x\n",x,y,z);
}
```

运行结果如图 1.17 所示。

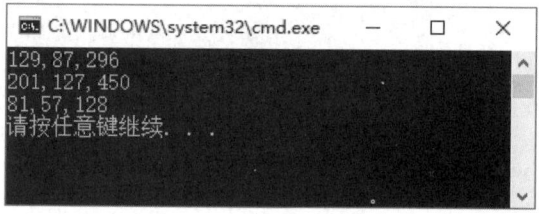

图 1.17　运行结果

提示：

(1) x、y、z 这 3 个变量虽然都定义为整型变量，但它们分别被赋值的是十进制、八进制、十六进制数据。

(2) printf("%d,%d,%d\n",x,y,z);语句将它们都按十进制整型数据输出，x 原样输出，y 和 z 由系统自动转换成十进制整型数据输出。

(3) printf("%o,%o,%o\n",x,y,z);语句将它们都按八进制整型数据输出，y 原样输出，x 和 z 由系统自动转换成八进制整型数据输出。

(4) printf("%x,%x,%x\n",x,y,z);语句将它们都按十六进制整型数据输出，z 原样输出，x 和 y 由系统自动转换成十六进制整型数据输出。

2. 编辑并运行程序，分析运行结果。

```c
#include "stdio.h"
void main()
{  char c1,c2;                        /* 定义字符型变量c1，c2 */
   c1='a';
   c2='b';
   printf("%c %c\n",c1,c2);           /* 以字符形式输出 */
   printf("%d %d\n",c1,c2);           /* 以十进制整型数据输出 */
}
```

运行结果如图 1.18 所示。

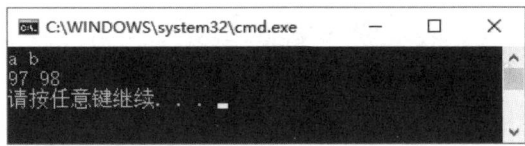

图 1.18　运行结果

3. 编辑并运行程序，分析运行结果。

```c
#include "stdio.h"
void main()
{  int c1,c2;                         /* 定义整型变量c1,c2 */
   c1=97;
   c2=98;
   printf("%c %c\n",c1,c2);           /* 以字符形式输出 */
   printf("%d %d\n",c1,c2);           /* 以十进制整型数据输出 */
}
```

运行结果如图 1.19 所示。

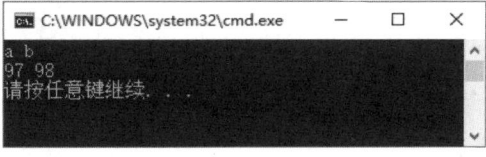

图 1.19 运行结果

提示：

分析上述两题的运行结果，C 语言中字符型数据和整型数据(0～255)之间可以通用，一个字符型数据可以按字符处理，输出结果是对应的字符，也可以按整型数据处理，输出结果是对应的 ASCII 码值。因此，以上两题的结果是相同的。

4. 编辑并运行程序，分析运行结果。

```c
#include "stdio.h"
void main()
{  int k,j,m,n,x,y;
   k=8;
```

```
        j=10;
        x=6;
        m=++k;
        n=j++;
        x+=x*=2;
        y=k+j+m+n+x;
        printf("%d,%d,%d,%d,%d,%d\n",k,j,m,n,x,y);
}
```

运行结果如图 1.20 所示。

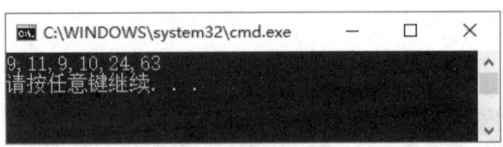

图 1.20　运行结果

提示：

(1) 在 m=++k;语句中，++在变量的左边，表示变量 k 先增加 1(k=k+1)后，再赋值给 m；而在 n=j++;语句中，++在变量的右边，表示变量 j 先赋值给 n，再完成增加 1(j=j+1)。

(2) 注意复合赋值运算，x+=x*=2;语句先计算 x=x*2，x 值发生变化后，再计算 x=x+x。

5. 编辑并运行程序，分析运行结果。

```
#include "stdio.h"
void main()
{   int n=10, m=3, x;
    float f=5.0, g=10.0;
    double d=5.0;
    x=(n-2,m*3);                    /* 逗号运算 */
    printf("%f\n",n+m-f*g/d);       /* 不同数据类型混合运算 */
    printf("%d\n",x);
}
```

运行结果如图 1.21 所示。

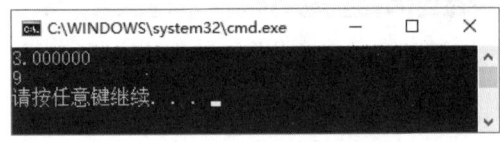

图 1.21　运行结果

提示：

(1) 逗号运算表达式(n-2,m*3)，先计算表达式 n-2，再计算表达式 m*3，整个表达式的运算结果为 m*3。

(2) 程序中有 3 种数据类型进行混合运算，分别是 int 型、float 型、double 型，因此表达式 n+m-f*g/d 的结果为 double 型，还应注意算术运算的优先级。

6. 编辑并运行程序，分析运行结果。

```
#include "stdio.h"
void main()
{   int x,y,m,n,a;
    char b;
    float c;
    scanf("%d%d\n",&x,&y);
    scanf("m=%d,n=%d\n",&m,&n);
    scanf("%d%c%f",&a,&b,&c);
    printf("%d,%d,%d,%d,%d,%c,%f\n",x,y,m,n,a,b,c);
}
```

运行结果如图 1.22 所示。

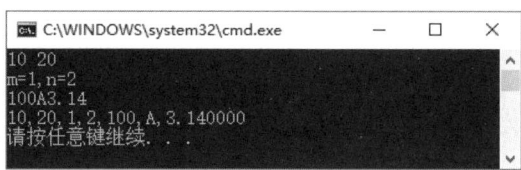

图 1.22 运行结果

提示：

此程序重点掌握 scanf 函数的输入格式。

(1) scanf("%d%d\n",&x,&y);语句是输入十进制整型变量 x、y 的值，要用%d 格式说明符，变量前加地址符&。运行输入数据时，数据之间用空格、Tab 键或回车隔开。

(2) scanf("m=%d,n=%d\n",&m,&n);语句表示输入格式中的普通字符"m=，n="要原样输入。

(3) scanf("%d%c%f",&a,&b,&c);语句表示输入整型、字符型和浮点型 3 种数据类型，分别用%d、%c、%f 格式说明符。在不同类型数据输入时，遇到空格、回车、非法数据或 Tab 键，认为该数据输入结束。

1.3　第 3 章上机练习

一、基本要求

1．掌握赋值语句的使用方法。
2．掌握格式输入输出函数的使用方法。
3．掌握顺序结构程序设计的基本方法。

二、上机指导

1．编辑并运行程序。输入一个华氏度，要求输出摄氏度，公式为 $C=5(F-32)/9$。

```
#include "stdio.h"
void main()
```

```
{  float c,f;
   printf("请输入一个华氏度:");
   scanf("%f",&f);
   c=(5.0/9.0)*(f-32);
   printf("摄氏度为:%5.2f\n",c);
}
```

运行结果如图 1.23 所示。

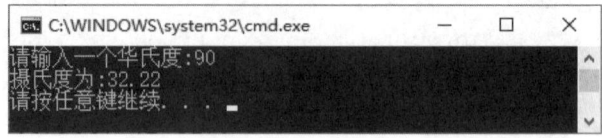

图 1.23　运行结果

提示：

(1) 此程序是一个简单的顺序结构，算法过程为：输入数据、计算、输出结果。

(2) 表达式(5.0/9.0)*(f-32)中 5 和 9 要用浮点型表示，否则 5/9 表示整除运算，结果为 0。

2. 编辑并运行程序。输入 x 和 y，交换它们的值，并输出交换前、后的结果。

```
#include "stdio.h"
void main()
{  int x,y,temp;
   scanf("%d,%d",&x,&y);
   printf("x=%d,y=%d\n",x,y);
   temp=x;
   x=y;
   y=temp;
   printf("x=%d,y=%d\n",x,y);
}
```

运行结果如图 1.24 所示。

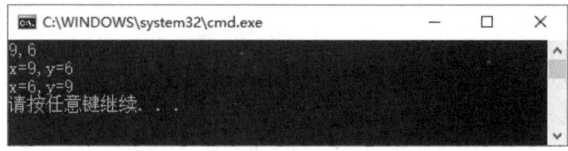

图 1.24　运行结果

提示：

程序利用第 3 个变量 temp 来完成交换工作。先将 x 赋值给 temp，再将 y 赋值给 x，最后将 temp 赋值给 y，完成 x、y 值的交换。注意这 3 条语句的顺序不能任意交换。

3. 程序改错。输入三角形的 3 条边长(3 条边能够形成三角形)，利用下面的公式计算三角形的面积。

$$s=\frac{1}{2}(a+b+c), \quad area=\sqrt{s(s-a)(s-b)(s-c)}$$

```
#include "stdio.h"
#include "math.h"
void main()
{   float a,b,c,s,area;
    /**********FOUND**********/
    scanf("%d%d%d",a,b,c);
    s=1.0/2*(a+b+c);
    /**********FOUND**********/
    area=sqrt(s(s-a)(s-b)(s-c));
    printf("a=%f,b=%f,c=%f,area=%f",a,b,c,area);
}
```

编译时的错误提示如下。

Compiling...

error C2064: term does not evaluate to a function

提示：

(1) 变量 a、b、c 用 scanf 函数输入时，变量必须加地址符&，变量类型为 float，其格式说明符用%f，不能用%d。

(2) 表达式 sqrt(s(s-a)(s-b)(s-c))错误，正确表达式为 sqrt(s*(s-a)*(s-b)*(s-c))。

正确程序如下。

```
#include "stdio.h"
#include "math.h"
void main()
{   float a,b,c,s,area;
    scanf("%f%f%f",&a,&b,&c);
    s=1.0/2*(a+b+c);
    area=sqrt(s*(s-a)*(s-b)*(s-c));
    printf("a=%f,b=%f,c=%f,area=%f\n",a,b,c,area);
}
```

运行结果如图 1.25 所示。

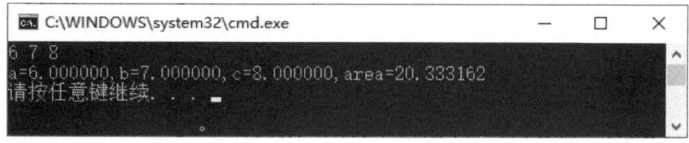

图 1.25　运行结果

1.4　第 4 章上机练习

一、基本要求

1. 掌握关系运算和逻辑运算。
2. 掌握程序的选择结构：if 结构、if-else 结构、if-else-if 结构和 switch 结构。

3．掌握分支嵌套结构。

二、上机指导

1．程序改错。下列程序的功能为输入一个整数，计算并输出该数的绝对值。

```
#include <stdio.h>
void main()
{   int x,y;
    /*********FOUND*********/
    printf(请输入一个整数：);
    /*********FOUND*********/
    scanf("%f",&x);
    y=x;
    /*********FOUND*********/
    if(x>0)
        y=-x;
    /*********FOUND*********/
    printf("\n 整数%d 的绝对值为：%d\n",y);
}
```

编译时的错误提示如图1.26所示。

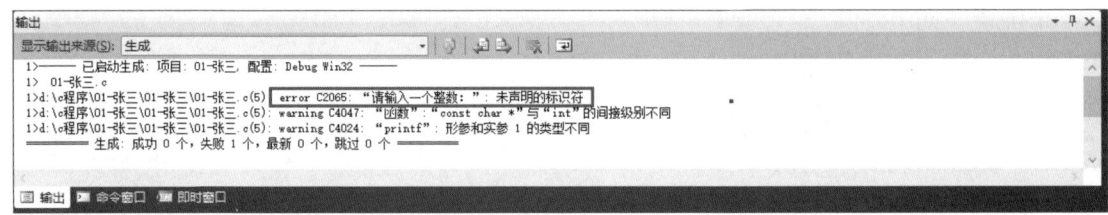

图1.26　编译时的错误提示

提示：

共有4处错误。

(1) printf 为输出函数，其格式规定字符串输出时必须用双引号括起来。

(2) scanf 为输入函数，输入变量的格式符必须和定义变量时的类型保持一致。

(3) 求绝对值，if 中的条件应为 x<0。

(4) printf 函数输出变量的个数应该与格式说明符的个数一致。

正确程序如下。

```
#include <stdio.h>
void main()
{   int x,y;
    /*********FOUND*********/
    printf("请输入一个整数：");
    /*********FOUND*********/
    scanf("%d",&x);
    y=x;
    /*********FOUND*********/
```

```
    if(x<0)
        y=-x;
    /**********FOUND**********/
    printf("\n 整数%d 的绝对值为：%d\n",x,y);
}
```

运行结果如图 1.27 所示。

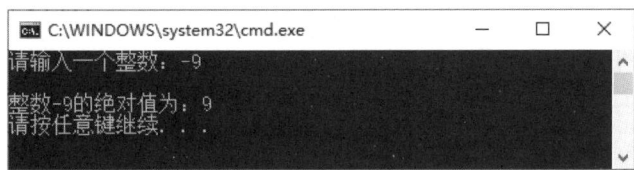

图 1.27　运行结果

2. 编辑并运行程序，完成下面函数计算。

$$y = \begin{cases} x^2 + 1 & (x > 0) \\ 0 & (x = 0) \\ x^2 - 1 & (x < 0) \end{cases}$$

```
#include "stdio.h"
void main()
{   float x,y;
    scanf("%f",&x);
    if(x>0)  y=x*x+1;
    else
    {   if(x==0)  y=0;
        else
        y=x*x-1; }
    printf("%f\n",y);
}
```

运行结果如图 1.28 所示。

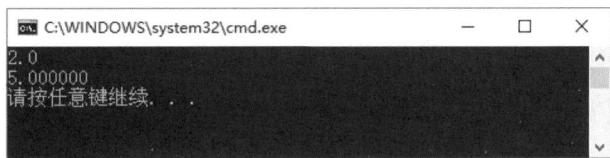

图 1.28　运行结果

提示：

程序采用 if-else 结构的嵌套算法。因为 else 总是和前面最近未配对的 if 配对，所以在第一个 if-else 结构的 else 语句后又嵌套了一个 if-else 结构。因为在 if(x>0)条件成立的情况下，可以计算出 y 的结果。否则在条件不成立的情况下，还存在两种情况：x==0 和 x<0，再用一个 if-else 结构来计算 y 值。同样也可以采用在第一个 if-else 结构的 if 语句后嵌套一个 if-else 结构形式。

3. 程序填空。输入 3 个整数 x、y、z，请把这 3 个数由小到大输出。

```
#include <stdio.h>
void main()
{   int x,y,z,t;
    scanf("%d%d%d",&x,&y,&z);
    /***********SPACE***********/
    if(x>y){【1】}
    /***********SPACE***********/
    if(x>z){【2】}
    /***********SPACE***********/
    if(y>z){【3】}
    printf("small to big: %d %d %d\n",x,y,z);
}
```

提示：

(1) x>y 时，应交换 x、y，所以第一个空应填 t=x;x=y;y=t;。

(2) x>z 时，应交换 x、z，所以第二个空应填 t=z;z=x;x=t;。

(3) x 与 y、z 比较后最小的数已存入 x，接着比较 y、z，若 y>z 应交换 y、z，所以第三个空应填 t=y;y=z;z=t;。

运行结果如图 1.29 所示。

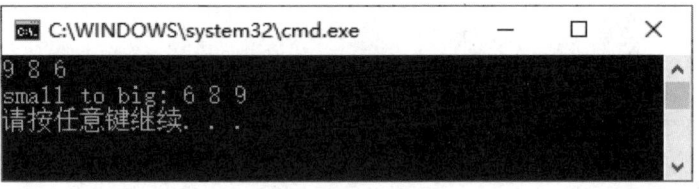

图 1.29　运行结果

1.5　第 5 章上机练习

一、基本要求

1．掌握 for 循环、while 循环和 do-while 循环。

2．掌握 continue、break 语句的用法。

3．掌握循环嵌套用法。

二、上机指导

1．程序填空。下列程序的功能为求 100 以内的自然数中的奇数之和。

```
#include "stdio.h"
void main()
{   int i=1,s;
    /***********SPACE***********/
```

```
    【1】;
    while(i<100)
    {   s=s+i ;
        /***********SPACE***********/
        【2】;
    }
    printf("s=%d\n ",s );
}
```

提示：

(1) 变量 s 定义后值为不确定的数，必须对其赋初值，所以第一个空应填 s=0。

(2) 本题为求 100 以内的自然数中的奇数之和，循环体变量 i 值每次增加 2，故第二个空应填 i=i+2。

运行结果如图 1.30 所示。

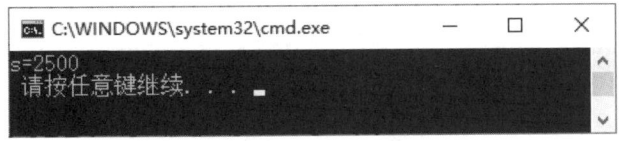

图 1.30　运行结果

2. 程序改错。下列程序的功能为输出 Fabonacci 数列的前 20 项，要求变量类型定义为浮点型，输出时只输出整数部分。

```
#include <stdio.h>
void main()
{   int i;
    float f=1,f1=1,f2;
    /**********FOUND**********/
    printf("%8d",f);
    /**********FOUND**********/
    for(i=1;i<=20;i++)
    {   f2=f+f1;
        /**********FOUND**********/
        f1=f;
        /**********FOUND**********/
        f2=f1;
        printf("%8.0f",f);
        if(i%5==0) printf("\n");
    }
    printf("\n");
}
```

程序编译时没有错误提示，运行结果如图 1.31 所示。

提示：

程序编译时没有错误提示，说明程序无语法错误，但运行结果不对，有逻辑上的错误。

(1) printf("%8d",f);语句有错误，变量 f 为 float 类型，故其格式说明符应为%f。

(2) 本题要求输出前 20 项，f 和 f1 分别是第一项和第二项，循环外已经打印了一项，循环每次打印的为 f，次数应该为 19 次。

(3) Fabonacci 数列每项为前两项的和，f2=f+f1;语句执行完后，应将 f1 赋值给 f，f2 赋值给 f1，进行下次循环。

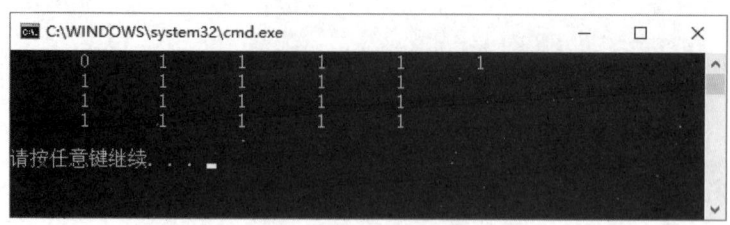

图 1.31　运行结果

正确程序如下。

```
#include <stdio.h>
void main()
{   int i;
    float f=1,f1=1,f2;
    /**********FOUND**********/
    printf("%8.0f",f);
    /**********FOUND**********/
    for(i=2;i<=20;i++)
    {   f2=f+f1;
        /**********FOUND**********/
        f=f1;
        /**********FOUND**********/
        f1=f2;
        printf("%8.0f",f);
        if(i%5==0) printf("\n");
    }
    printf("\n");
}
```

运行结果如图 1.32 所示。

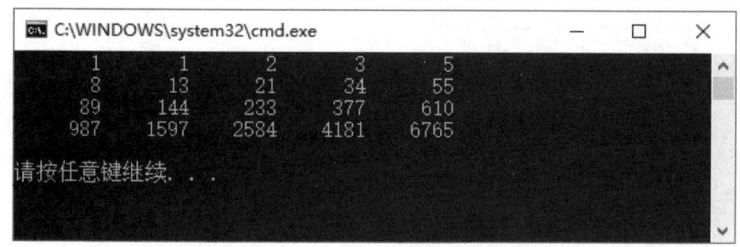

图 1.32　运行结果

1.6　第6章上机练习

一、基本要求

1. 掌握一维数组和二维数组的定义、赋值和输入输出方法。
2. 掌握字符数组和字符串函数。
3. 掌握数组的有关算法。

二、上机指导

1. 程序改错。下列程序的功能为有一个已排好序的一维数组，输入一个数 number，按原来排序的规律将它插入到数组中。

```c
#include <stdio.h>
void main()
{   int a[11]={1,4,6,9,13,16,19,28,40,100};
    int temp1,temp2,number,end,i,j;
    /***********FOUND***********/
    for(i=0;i<=10;i++)
       printf("%5d",a[i]);
    printf("\n");
    scanf("%d",&number);
    /***********FOUND***********/
    end=a[10];
    if(number>end)
        /***********FOUND***********/
        a[11]=number;
    else
    {   for(i=0;i<10;i++)
        {   /***********FOUND***********/
            if(a[i]<number)
            {   temp1=a[i];
                a[i]=number;
                for(j=i+1;j<11;j++)
                {   temp2=a[j];
                    a[j]=temp1;
                    temp1=temp2;
                }
                break;
            }
        }
    }
    for(i=0;i<11;i++)
        printf("%6d\n",a[i]);
}
```

程序编译时没有错误提示，运行结果如图 1.33 所示。

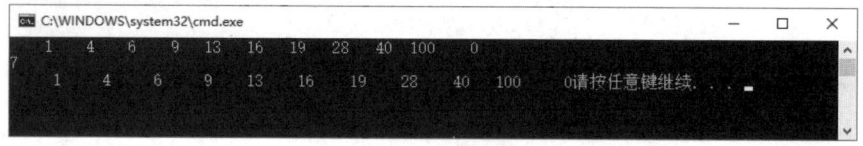

图 1.33　运行结果

提示：

输入一个插入数 7，并没有得到正确结果，而且还出现了异常情况，说明程序有逻辑错误。

(1) 根据程序的思想，数组输出前 10 个数，for(i=0;i<=10;i++)语句中的循环体循环了 11 次，故 i<=10 改为 i<10 或 i<=9。

(2) 根据程序的思想，end 为第 10 个数，而数组下标从 0 开始，故 end=a[10]应改为 end=a[9]。同理，a[11]=number 应改为 a[10]=number。

(3) 根据程序的思想，a[i]大于 number 时，先将 a[i]赋值给 temp1，number 赋值给 a[i]，然后后移一位。

正确程序如下。

```
#include <stdio.h>
void main()
{   int a[11]={1,4,6,9,13,16,19,28,40,100};
    int temp1,temp2,number,end,i,j;
    /***********FOUND***********/
    for(i=0;i<10;i++)
        printf("%5d",a[i]);
    printf("\n");
    scanf("%d",&number);
    /***********FOUND***********/
    end=a[9];
    if(number>end)
       /***********FOUND***********/
       a[10]=number;
    else
    {  for(i=0;i<10;i++)
       {  /***********FOUND***********/
          if(a[i]>number)
          {  temp1=a[i];
             a[i]=number;
             for(j=i+1;j<11;j++)
             {  temp2=a[j];
                a[j]=temp1;
                temp1=temp2;
             }
             break;
          }
       }
    }
}
```

```
    for(i=0;i<11;i++)
        printf("%6d",a[i]);
}
```

运行结果如图 1.34 所示。

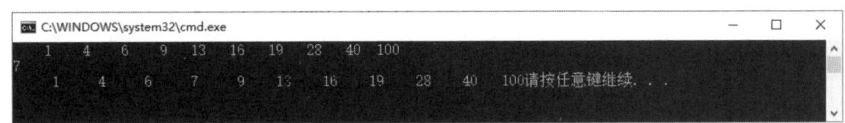

图 1.34　运行结果

2. 程序填空。将一个字符串中的前 *n* 个字符复制到一个字符数组中，不许使用 strcpy 函数。

```
#include <stdio.h>
void main()
{   char str1[80],str2[80];
    int i,n;
    /**********SPACE**********/
    gets(【1】);
    scanf("%d",&n);
    /**********SPACE**********/
    for(i=0; 【2】;i++)
        /**********SPACE**********/
        【3】;
    /**********SPACE**********/
    【4】;
    printf("%s\n",str2);
}
```

提示：

(1) gets 函数的功能是从键盘得到一个字符串赋给括号里的参数，参数为字符串的起始地址，即字符数组名，故填 str1。

(2) 因复制前 *n* 个字符，循环结束的条件为 i<n。

(3) 字符复制，即在两个数组的对应位置执行赋值语句 str2[i]=str1[i]。

(4) 循环结束后应将字符串结束符添加到字符串的末尾，即 str2[n]='\0'。

完整程序如下。

```
#include <stdio.h>
void main()
{   char str1[80],str2[80];
    int i,n;
    /**********SPACE**********/
    gets(str1);
    scanf("%d",&n);
    /**********SPACE**********/
    for(i=0; i<n ;i++)
        /**********SPACE**********/
```

```
            str2[i]=str1[i];
    /***********SPACE***********/
    str2[n]='\0';
    printf("%s\n",str2);
}
```

运行程序，输入字符串，再输入要复制字符的数目，运行结果如图 1.35 所示。

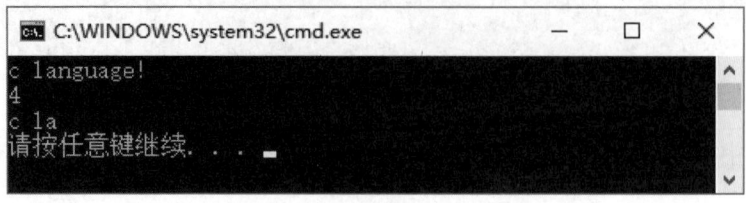

图 1.35　运行结果

3．程序设计。实现矩阵(3 行 3 列)的转置(即行列互换)。例如，输入下面的矩阵：

　　100 200 300
　　400 500 600
　　700 800 900

程序输出：

　　100 400 700
　　200 500 800
　　300 600 900

```
#include <stdio.h>
void main()
{ int i,j,t;
  int array[3][3]={{100,200,300},{400,500,600},{700,800,900}};
  for(i=0; i<3; i++)
  { for(j=0; j<3; j++)
       printf("%7d",array[i][j]);
    printf("\n");
  }
  for(i=0; i<3; i++)
     for(j=0; j<i; j++)
     { t=array[i][j];
       array[i][j]=array[j][i];
       array[j][i]=t;
     }
  printf("Converted array:\n");
  for(i=0; i<3; i++)
  { for(j=0; j<3; j++)
       printf("%7d",array[i][j]);
    printf("\n");
  }
}
```

提示：

此程序实现矩阵(3 行 3 列)的转置(即行列互换)，主要是利用双重循环交换 array[i][j]与 array[j][i]的值，矩阵所有的元素都交换完后即实现了矩阵转置。两个数交换需借助一个中间变量进行三次赋值。

运行结果如图 1.36 所示。

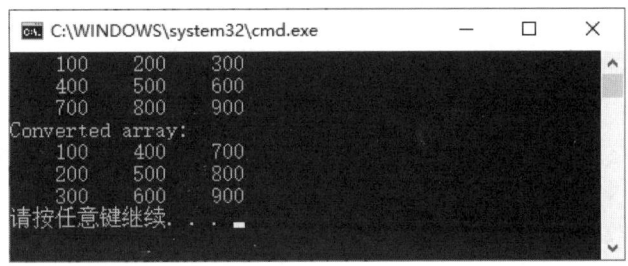

图 1.36　运行结果

1.7　第 7 章上机练习

一、基本要求

1．掌握函数的定义、调用、说明方法。
2．理解函数调用时参数及返回值的传递规则。
3．理解自动变量、静态变量、局部变量和全局变量的用法。

二、上机指导

1．程序填空。将十进制数转换成十六进制数。

```
#include <stdio.h>
#include <string.h>
c10_16(char p[],int b)
{  int j,i=0;
   while(b>0)
   {  /***********SPACE***********/
      j=b%【1】;
      if(j>=0&&j<=9)  p[i]=j+'0';
      /***********SPACE***********/
      else p[i]=j+【2】;
      b=b/16;
      i++;
   }
   /***********SPACE***********/
   p[【3】]='\0';
}
void main()
{  int a,i;
```

```
    char s[20];
    printf("input a integer:\n");
    scanf("%d",&a);
    c10_16(s,a);
    for(i=strlen(s)-1;i>=0;i--)
        /***********SPACE***********/
        printf("【4】",s[i]);
    printf("\n");
}
```

提示：

(1) 自定义函数 c10_16(char p[],int b)的功能是将十进制数 b 转换成十六进制数，并将转换的结果保存在字符数组 p 中。

(2) 将十进制数转换成十六进制数的方法是模 16，第一个空填 16。

(3) 当 j>9 时，十进制数 10～15 对应的十六进制数分别为字符 A、B、C、D、E、F。例如，将 10 转换为字符 A，因为 A 的 ASCII 码值为 65，所以将 j 加 55 即可。

(4) 转换完将结束字符'\0'赋给 p[i]。

(5) 主程序中输出转换后的十六进制数为字符串，一个一个字符输出，输出格式为%c。

运行程序，输入一个十进制数，转换成对应的十六进制数，运行结果如图 1.37 所示。

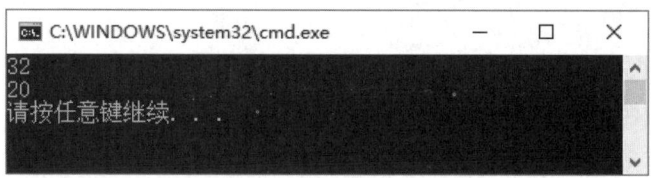

图 1.37 运行结果

2. 程序改错。生成一个周边元素为 5，其他元素为 1 的 3×3 的二维数组。

```
#include <stdio.h>
fun(int arr[][3])
{   /**********FOUND**********/
    int i,j
    /**********FOUND**********/
    for(i=1;i<3;i++)
        for(j=0;j<3;j++)
            if(i==0||j==0||i==2||j==2)
                arr[i][j]=5;
            /**********FOUND**********/
            else if(i+j==1&&i+j==3)
                arr[i][j]=5;
            else
                arr[i][j]=1;
}
void main()
{   int a[3][3],i,j;
    fun(a);
```

```
    for(i=0;i<3;i++)
    {   for(j=0;j<3;j++)
            printf("%d ",a[i][j]);
        printf("\n");
    }
}
```

编译时的错误提示如图 1.38 所示。

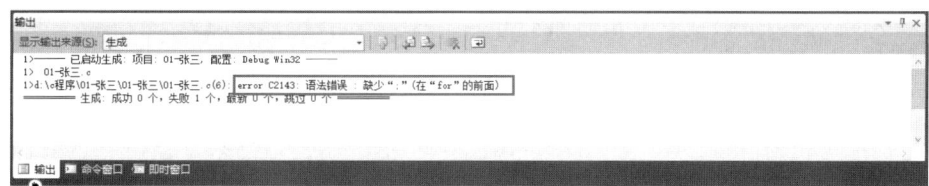

图 1.38　编译时的错误提示

提示：

(1) 从错误提示中可以看出，语法错误为少了语句结束符 ";"。

(2) 二维数组行下标应从 0 开始。

(3) 周边元素的条件应该是或的关系而不是与的关系。

正确程序如下。

```
#include <stdio.h>
fun(int arr[][3])
{   /**********FOUND**********/
    int i,j;
    /**********FOUND**********/
    for(i=0;i<3;i++)
        for(j=0;j<3;j++)
            if(i==0||j==0||i==2||j==2)
                arr[i][j]=5;
            /**********FOUND**********/
            else if(i+j==1||i+j==3)
                arr[i][j]=5;
            else
                arr[i][j]=1;
}
void main()
{   int a[3][3],i,j;
    fun(a);
    for(i=0;i<3;i++)
    {   for(j=0;j<3;j++)
            printf("%d ",a[i][j]);
        printf("\n");
    }
}
```

运行结果如图 1.39 所示。

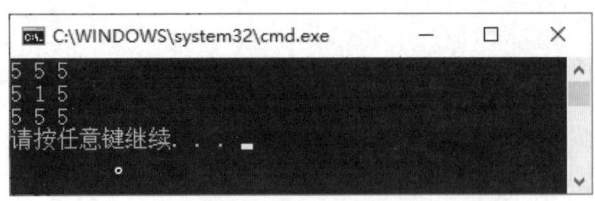

图 1.39　运行结果

3．程序设计。计算从 1 开始到 n(n 是偶数)的自然数中偶数的平方和，n 由键盘输入，并在主函数 main 中输出。

```
#include <stdio.h>
int fun(int n)
{   int sum,i;
    sum=0;
    for(i=2;i<=n;i=i+2)
    {  sum=sum+i*i;}
       return(sum);
}
void main()
{   int m;
    printf("Enter m: ");
    scanf("%d", &m);
    printf("\nThe result is %d\n", fun(m));
}
```

提示：

(1) 本程序包括两个函数：主函数 main 和子函数 fun。主函数 main 完成数据的输入、调用子函数和输出子函数的返回值。子函数 fun 的作用是计算从 1 开始到 n 的自然数中偶数的平方和，将其赋值给 sum，并通过 return 语句将 sum 值返回。

(2) 函数调用语句 printf("\nThe result is %d\n", fun(m));中的 m 为实际参数，而函数说明和定义语句 int fun(int n);中的 n 为形式参数。函数调用时，实际参数将数据传递给形式参数。要求实际参数和形式参数的数据类型、个数、顺序一致。

运行程序，输入 m 值为 6，运行结果如图 1.40 所示。

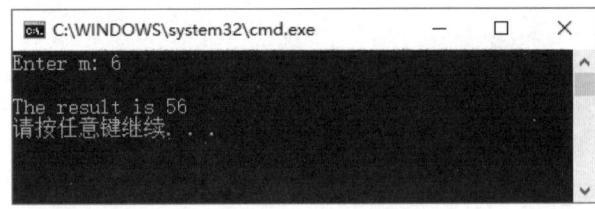

图 1.40　运行结果

第一部分 上机指导

1.8 第8章上机练习

一、基本要求

1. 掌握指针的概念和定义。
2. 掌握变量指针和数组指针的使用方法。
3. 掌握指针作为函数参数的使用方法。
4. 掌握字符串指针的使用方法。

二、上机指导

1. 程序填空。把字符串中所有的字母改写成该字母的下一个字母,最后一个字母 z 改写成字母 a。大写字母仍为大写字母,小写字母仍为小写字母,其他字符不变。例如,原有的字符串为"Mn.123xyZ",调用函数后,字符串中的内容变为"No.123yzA"。

```
#include <string.h>
#include <stdio.h>
#include <ctype.h>
#define  N  81
void main()
{ char   a[N],*s;
  printf("Enter a string : ");
  gets(a);
  printf("The original string is : ");
  puts(a);
  /***********SPACE***********/
  【1】;
  while(*s)
  { if(*s=='z')
       *s='a';
    else if(*s=='Z')
       *s='A';
    else if(isalpha(*s))
       /***********SPACE***********/
       【2】;
    /***********SPACE***********/
    【3】;
  }
  printf("The string after modified : ");
  puts(a);
}
```

提示:

(1) 第一个空是指针变量 s 指向字符串 a,应填 s=a。

(2) 函数 isalpha(*s)是判断*s 是否为字符,如果是,则改写成该字母的下一个字母,即将*s+1 赋值给*s。

(3) 将指针下移,即 s++。

运行程序，输入字符串"Mn.123xyZ"，运行结果如图 1.41 所示。

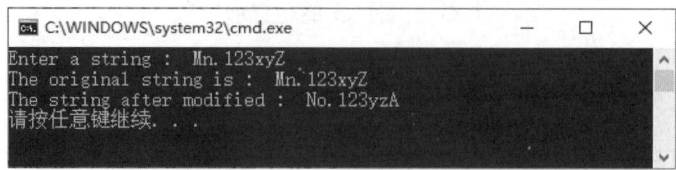

图 1.41　运行结果

2．程序改错。下列程序的功能为输入两个双精度数，输出它们的平方和的平方根。例如，输入 22.936 和 14.121，输出 y = 26.934415。

```
#include <stdio.h>
#include <conio.h>
#include <math.h>
/**********FOUND**********/
double fun(double *a, *b)
{ double c;
  /**********FOUND**********/
  c=sqr(a*a+b*b);
  /**********FOUND**********/
  return *c;
}
void main()
{ double a, b, y;
  printf("Enter a, b : ");
  scanf("%lf%lf", &a, &b );
  y=fun(&a, &b);
  printf("y = %f \n", y );
}
```

提示：

(1) 函数 double fun (double *a, *b) 有多个形参时，必须每个形参都给出参数类型，本题中要求输入两个双精度数，故指针变量 b 的类型为 double 类型。

(2) fun 函数的功能是返回 *a、*b 的平方和的平方根。a、b 为指针变量，求它们的平方和的平方根的表达式为 sqrt(*a * *a + *b * *b)，其中 sqrt 是求平方根函数。

(3) return 语句中应该返回变量 c 的值，c 是简单变量，不是指针变量。

运行程序，输入 22.936 和 14.121，运行结果如图 1.42 所示。

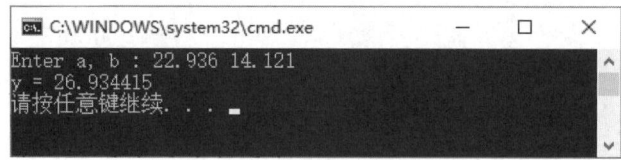

图 1.42　运行结果

3. 程序设计。将下列程序中的函数补充完整，实现两个整数的交换。

```
#include <stdio.h>
#include <conio.h>
void fun(int *a,int *b)
{ /**********Program**********/



  /********** End **********/
}
void main()
{ int a,b;
  printf("Enter a,b:");
  scanf("%d%d",&a,&b);
  fun(&a,&b);
  printf("a=%d b=%d\n",a,b);
}
```

提示：此程序中函数 fun 的功能是利用指针交换指针变量 a、b 所指的值，在主函数 main 中输入 a、b，通过调用函数语句 fun(&a,&b);将 a、b 的地址传递给指针变量 a、b，交换指针变量所指的变量的值，即交换了主函数中变量 a、b 的值。

函数程序如下。

```
void fun(int *a,int *b)
{ /**********Program**********/
  int t;
  t=*a;
  *a=*b;
  *b=t;
  /********** End **********/
}
```

运行程序，输入 a、b 的值，运行结果如图 1.43 所示。

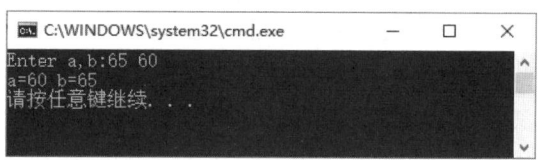

图 1.43 运行结果

1.9 第 9 章上机练习

一、基本要求

1. 掌握结构体变量的定义和使用。
2. 掌握结构体数组的定义和使用。
3. 掌握链表的概念和基本应用。

二、上机指导

1. 程序改错。计算两个学生的总分,并输出学生信息。

```
#include "stdio.h"
void main()
{ float s1,s2;
  /*********FOUND**********/
  struct student                        /* 定义名为student的结构体 */
    { char xm[20];                      /* 姓名成员 */
      int age;                          /* 年龄成员 */
      char xb[2];                       /* 性别成员 */
      float cj1,cj2;                    /* 成绩1、成绩2成员 */
    }
  /*********FOUND**********/
  struct student x={Zhangsan,18,"M",60.0,70.0};
  /*********FOUND**********/
  struct student y={Wangmin,20,"W",80.0,90.0};
  s1=x.cj1+x.cj2;                       /* 第一个学生的总分 */
  s2=y.cj1+y.cj2;                       /* 第二个学生的总分 */
  printf("student data:\n");
  /*********FOUND**********/
  printf("%s,%d,%s,%f,%f,%f\n",x.xm[20],age,x.xb,x.cj1,x.cj2,s1);
  /*********FOUND**********/
  printf("%s,%d,%s,%f,%f,%f\n",y.xm[20],age,y.xb,y.cj1,y.cj2,s2);
}
```

编译时的错误提示如图1.44所示。

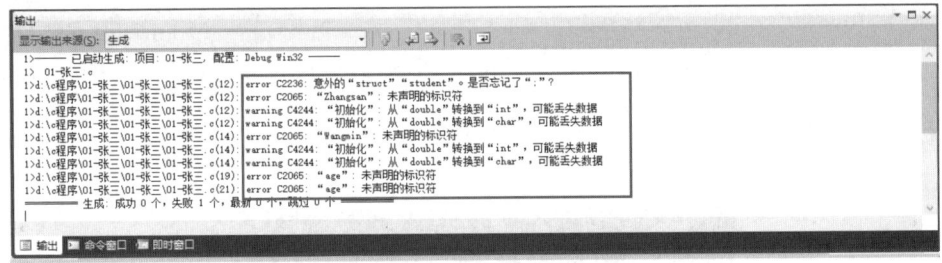

图1.44 编译时的错误提示

提示:

(1) 在程序中,结构体定义语句后应加分号。

(2) 结构体中成员char xm[20]是字符串数组,其赋值时要用双引号括起来。

(3) 用%s输出成员为字符型数组时,只引用数组名,x.xm[20]改为 x.xm,y.xm[20]改为 y.xm。

(4) 输出结构体变量的年龄成员的格式应为 x.age 和 y.age。

正确程序如下。

```
#include "stdio.h"
void main()
```

```
{ float s1,s2;
  struct student
  { char xm[20];
    int age;
    char xb[2];
    float cj1,cj2;
  };
  struct student x={"Zhangsan",18,"M",60.0,70.0};
  struct student y={"Wangmin",20,"W",80.0,90.0};
  s1=x.cj1+x.cj2;
  s2=y.cj1+y.cj2;
  printf("student data:\n");
  printf("%s,%d,%s,%f,%f,%f\n",x.xm,x.age,x.xb,x.cj1,x.cj2,s1);
  printf("%s,%d,%s,%f,%f,%f\n",y.xm,y.age,y.xb,y.cj1,y.cj2,s2);
}
```

运行结果如图 1.45 所示。

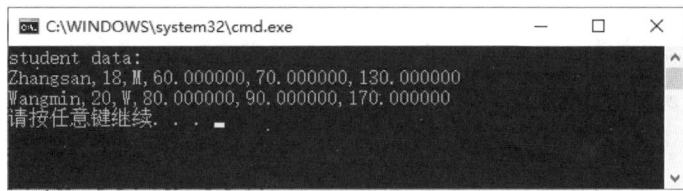

图 1.45 运行结果

2. 程序设计。利用结构体数组，计算 10 名学生两门课程的平均分、总分和最高分。

```
#include "stdio.h"
#include <string.h>
void main()
{ int i,max1,max2,s1=0,s2=0;
  double p1,p2;
  struct student                    /* 定义结构体类型 */
  { int xh;
    char xm[20];
    int cj1,cj2;
    int zf;
  }x[10];                           /*定义结构体数组x*/
  printf("输入学号:\n");
  for(i=0;i<10;i++)                 /* 输入10名学生的学号 */
     scanf("%d",&x[i].xh);
  printf("输入姓名:\n");
  for(i=0;i<10;i++)                 /* 输入10名学生的姓名 */
     scanf("%s",x[i].xm);
  printf("输入第一门课成绩:\n");
  for(i=0;i<10;i++)                 /* 输入10名学生的第一门课成绩 */
     scanf("%d",&x[i].cj1);
  printf("输入第二门课成绩:\n");
  for(i=0;i<10;i++)                 /* 输入10名学生的第二门课成绩 */
     scanf("%d",&x[i].cj2);
```

```c
    for(i=0;i<10;i++)                    /* 计算每名学生的总分 */
        x[i].zf=x[i].cj1+x[i].cj2;
    for(i=0;i<10;i++)                    /* 计算每门课程的总分 */
    { s1=s1+x[i].cj1;
      s2=s2+x[i].cj2;
    }
    p1=s1/10.0;                          /* 计算每门课程的平均分 p1, p2 */
    p2=s2/10.0;
    max1=x[0].cj1;
    max2=x[0].cj2;
    for(i=1;i<10;i++)                    /* 计算每门课程的最高分 max1, max2 */
    { if(x[i].cj1>max1)  max1=x[i].cj1;
      if(x[i].cj2>max2)  max2=x[i].cj2;
    }
    printf("学生信息:\n");
    printf("学号--姓名--第一门课成绩--第二门课成绩--总分\n");
    for(i=0;i<10;i++)    /*输出学生的学号、姓名、第一门和第二门课成绩、总分*/
    { printf("%d ",x[i].xh);
      printf("%s ",x[i].xm);
      printf("%d ",x[i].cj1);
      printf("%d ",x[i].cj2);
      printf("%d\n",x[i].zf);
    }
    printf("第一门课总分=%d, 第二门课总分=%d\n",s1,s2);
    printf("第一门课平均分=%6.2f, 第二门课平均分=%6.2f\n",p1,p2);
    printf("第一门课最高分=%d,第二门课最高分=%d\n",max1,max2);
}
```

运行结果如图 1.46 所示。

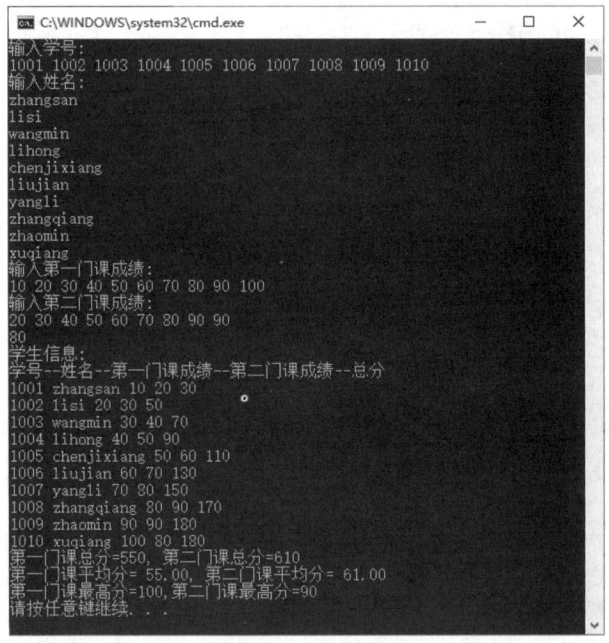

图 1.46 运行结果

第一部分　上机指导

提示：

(1) 定义一个学生信息结构体 student，成员分别是 xh、xm[20]、cj1、cj2、zf，它们分别代表学号、姓名、第一门课成绩、第二门课成绩、总分。定义结构体数组 x[10]，代表 10 名学生。

(2) 利用循环，分别输入 10 名学生的学号、姓名、第一门课成绩、第二门课成绩，然后计算每名学生的总分并存入结构体数组中。

(3) 利用循环，分别计算每门课程的总分、平均分和最高分并存入变量。

(4) 输出结构体数组中的学生信息，以及每门课程的总分、平均分和最高分。

1.10　第 10 章上机练习

一、基本要求

1. 掌握文件及文件指针的概念。
2. 掌握顺序文件的打开、关闭和读写操作。
3. 掌握随机文件的打开、关闭和读写操作。

二、上机指导

1. 程序填空。下列程序的功能为文件操作。

```
#include <stdio.h>
#include <stdlib.h>
void main()
{ /* 定义一个文件指针 fp */
  /***********SPACE***********/
  【1】 *fp;
  char filename[10];
  printf("Please input the name of file: ");
  scanf("%s", filename);           /* 输入字符串并赋值给变量 filename */
  /* 以读方式打开文件 filename */
  /***********SPACE***********/
  if((fp=fopen(filename, "【2】")) == NULL)
  { printf("Cannot open the file.\n");
    exit(0);                       /* 正常退出程序 */
  }
  /* 关闭文件 */
  /***********SPACE***********/
  【3】;
}
```

提示：

(1) 定义一个文件指针 fp，所以第一个空应填 FILE(文件指针类型)。

(2) 根据注释行 "/*以读方式打开文件 filename */"，以读方式打开文件的参数为 r。

(3) 关闭文件的语句为 fclose(fp)。

运行程序，若输入的文件不存在，则运行结果如图 1.47 所示。

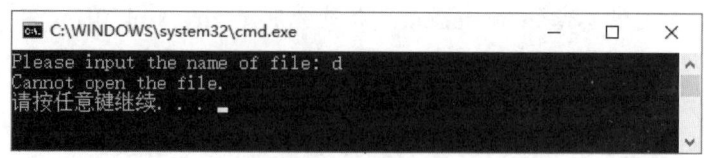

图 1.47　运行结果

2．程序改错。用 fputs、fgets 函数将字符串"ChinaBeijing"写入 a1.txt 文件中，再从文件中将字符串"China"读出显示。

```
#include "stdio.h"
void main()
{   char x[80];
    /**********FOUND**********/
    file fp1,fp2;
    /**********FOUND**********/
    fp1=fopen("a1.txt","r");        /* 以写方式打开 a1.txt 文件 */
    fputs("ChinaBeijing",fp1);      /* 将字符串写入 a1.txt 文件 */
    fclose(fp1);
    /**********FOUND**********/
    fp2=fopen("a1.txt","w");        /* 以读方式打开 a1.txt 文件 */
    fgets(x,6,fp2);                 /* 将"China"读出存入数组 x */
    printf("%s",x);
    fclose(fp2);
}
```

编译时的错误提示如图 1.48 所示。

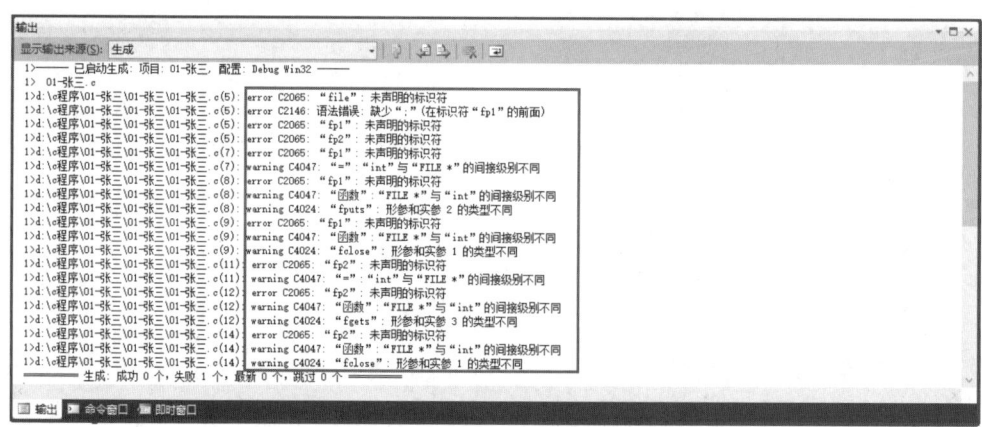

图 1.48　编译时的错误提示

提示：

(1) 文件指针类型符必须用大写 FILE，定义文件型指针变量应为 *fp1 和*fp2。

(2) fp1=fopen("a1.txt","r");语句错误，以写方式打开 a1.txt 文件，用 w 参数。不能用 r 参数。

(3) fp2=fopen("a1.txt","w");语句错误，以读方式打开 a1.txt 文件，用 r 参数。不能用 w 参数。

正确程序如下。

```c
#include "stdio.h"
void main()
{   char x[80];
    FILE *fp1,*fp2;
    fp1=fopen("a1.txt","w");         /* 以写方式打开 a1.txt 文件 */
    fputs("ChinaBeijing" , fp1);     /* 将字符串写入 a1.txt 文件 */
    fclose(fp1);
    fp2=fopen("a1.txt","r");         /* 以读方式打开 a1.txt 文件 */
    fgets(x,6,fp2);                  /* 将"China"读出存入数组 x */
    printf("%s\n",x);
    fclose(fp2);
}
```

运行结果如图 1.49 所示。

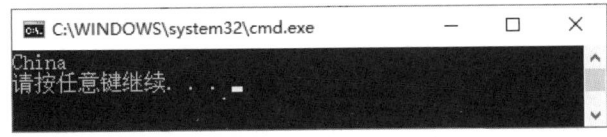

图 1.49　运行结果

3．程序设计。输入 4 名学生的姓名、学号、年龄和地址，存入文件 stu-list 中，再打开文件，读出学生信息并显示出来。

```c
#include "stdio.h"
#define SIZE 4
struct student                        /* 定义结构体 student */
{   char name[10];
    int num;
    int age;
    char addr[15];
}stud[SIZE],st[SIZE];                 /* 定义结构体数组 stud 和 st */
void save();                          /* 保存函数声明 */
void open();                          /* 打开函数声明 */
void main()                           /* 主函数 */
{   int i;
    for(i=0;i<SIZE;i++)
        scanf("%s%d%d%s",stud[i].name,&stud[i].num,&stud[i].age,stud[i].addr);
    save();
    open();
}
void save()                           /* 保存学生信息到文件中 */
{   int i;
    FILE *fp1;
    if((fp1=fopen("stu-list","wb"))==NULL)
```

```
        printf("cannot open file\n");
    for(i=0;i<SIZE;i++)
        fwrite(&stud[i], sizeof(struct student),1,fp1);
    fclose(fp1);
}
void open()                              /* 打开文件，读出学生信息并显示 */
{   FILE *fp2;
    int i;
    fp2=fopen("stu-list","rb");
    for(i=0;i<SIZE;i++)
    {   fread(&st[i],sizeof(struct student),1,fp2);
        printf("%s,%d,%d,%s\n",st[i].name,st[i].num,st[i].age,st[i].addr);
    }
    fclose (fp2);
}
```

提示：

此程序是将结构体数组中的数据，通过 fwrite、fread 函数写入和读出文件的过程。

(1) 主函数的功能：定义结构体数组 stud 和 st，输入学生信息给数组 stud，分别调用保存函数 save 和打开函数 open。

(2) 保存函数 save 的功能：打开文件，利用循环执行 fwrite(&stud[i], sizeof(struct student),1,fp1);语句，将数组 stud 中的数据写入文件，其中 sizeof(struct student)代表结构体的长度。

(3) 打开函数 open 的功能：打开文件，利用循环执行 fread(&st[i],sizeof(struct student),1,fp2);语句，将文件中的数据读出，存入数组 st 中，然后输出结构体数组 st 各元素的值。

运行结果如图 1.50 所示。

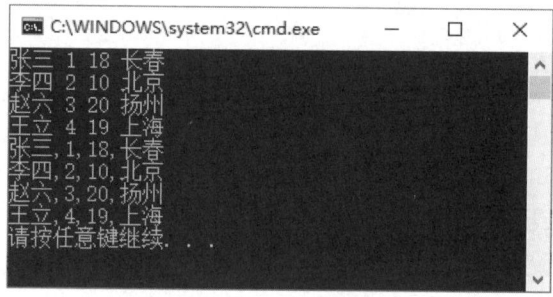

图 1.50　运行结果

2.1 C语言程序设计初步

一、实验目的

1．熟悉C语言程序的运行环境(Microsoft Visual C++ 2010 Express)。
2．掌握C语言程序的上机步骤，了解运行一个C语言程序的方法。
3．掌握C语言程序的书写格式和C语言程序的结构。

二、实验内容(均要求给出运行结果)

1．程序改错题

(1) 下列程序的功能是计算 x 乘 y 的值并将结果输出。请改正程序中的错误。

```
#include "stdio.h"
void main()
/**********FOUND**********/
{  int x=y=4;
   z=x*y;
   /**********FOUND**********/
   printf("z=%d/n", Z);
}
```

(2) 下列程序的功能是输入圆的半径，求圆的周长。请改正程序中的错误。

```
#include "stdio.h"
void main()
{  int r;
   float l;
   printf("Enter r:");
   scanf("%d", &r);
   /**********FOUND**********/
   l=2πr
   /**********FOUND**********/
```

```
    printf("l=%d\n",l);
}
```

2．程序填空题

(1) 下列程序的功能是将两个整型变量的值进行交换。请填空。

```
#include "stdio.h"
void main()
{   int a=3,b=4,t;
    t=a;
    /***********SPACE***********/
    【1】;
    /***********SPACE***********/
    【2】;
    printf("a=%d,b=%d\n",a,b);
}
```

(2) 下列程序不用第三个变量，实现两个数的对调操作。请填空。

```
#include <stdio.h>
void main()
{   int a,b;
    scanf("%d %d",&a,&b);
    printf("a=%d,b=%d\n",a,b);
    /***********SPACE***********/
    a= 【1】 ;
    /***********SPACE***********/
    b= 【2】 ;
    /***********SPACE***********/
    a= 【3】 ;
    printf("a=%d,b=%d\n",a,b);
}
```

3．程序设计题

编程实现从键盘输入任意一个大写字母，转换成小写字母后输出。

2.2 顺序结构程序设计

一、实验目的

1．掌握赋值语句的功能和使用方法。
2．掌握 C 语言的数据类型，熟悉不同类型变量的定义及赋值方法。
3．学会使用 C 语言的算术运算符，以及包含这些运算符的表达式。
4．掌握简单数据类型的输入和输出方法，能正确使用格式控制符。
5．学习编制简单的 C 语言程序。

二、实验内容(均要求给出运行结果)

1．程序改错题

(1) 下列程序的功能是输入一个十进制整数，输出对应的八进制整数与十六进制整数。

例如，输入 31(十进制)，输出 37(八进制)和 1F(十六进制)。请改正程序中的错误。

```
#include <stdio.h>
void main()
{  /**********FOUND**********/
   n;
   printf("输入一个十进制整数:");
   /**********FOUND**********/
   scanf("%d",n);
   /**********FOUND**********/
   printf("对应的八进制整数是%O\n",n);
   printf("对应的十六进制整数是%X\n",n);
}
```

(2) 下列程序的功能是计算表达式 $x=1/2+\sqrt{a+b}$ 的值。请改正程序中的错误。

```
#include "stdio.h"
/**********FOUND**********/

void mian()
{  int a, b;
   float x;
   scanf("%d,%d";&a,&b);
   /**********FOUND**********/
   x=1/2+sqrt(a+b);
   /**********FOUND**********/
   printf("x=%d\n",x);
}
```

2．程序填空题

(1) 下列程序的功能是输出如下结果。请填空。

  A，B

  65，66

```
#include <stdio.h>
void main()
{  /**********SPACE**********/
   char a,【1】;
   /**********SPACE**********/
   a=【2】;
   b='b';
   a=a-32;
   /**********SPACE**********/
   b=b-【3】;
   printf("%c,%c\n%d,%d\n",a,b,a,b);
}
```

(2) 下列程序的功能是输出如下结果。请填空。

   b=-1　a=65535

   a=65534

   a=30 b=6 c=5

```
#include <stdio.h>
void main()
{   /***********SPACE***********/
    int b=-1,【1】;
    unsigned short int a;
    /***********SPACE***********/
    a=【2】;
    printf("b=%d a=%u\n",b,a);
    /***********SPACE***********/
    【3】+=b;
    printf("a=%u\n",a);
    /***********SPACE***********/
    b=(a=30)/【4】;
    printf("a=%d b=%d c=%d\n",a,b,c);
}
```

3．程序设计题

下列程序的功能是输入摄氏温度 c，求华氏温度 f。转换公式为 $f=9c/5+32$，输出结果取两位小数。(说明：因为关于函数调用的知识在第 7 章讲解，所以现阶段本程序的设计也可以改用一个主函数来完成。)

```
#include <stdio.h>
double fun(double m)
{   /**********Program**********/




    /********** End **********/
}
void main()
{   double c,f;
    printf("请输入一个摄氏温度:");
    scanf("%lf",&f);
    c=fun(f);
    printf("华氏温度为:%5.2f\n",c);
}
```

2.3　选择结构程序设计

一、实验目的

1．掌握关系运算符、逻辑运算符、条件运算符的使用方法。
2．掌握 if 语句和 switch 语句的使用方法。
3．学会调试程序，并掌握一些简单的算法。
4．掌握选择结构程序的设计技巧。

二、实验内容(均要求给出运行结果)

1. 程序改错题

(1) 下列程序的功能是输入一个 5 位数,判断它是不是回文数。例如,12321 是回文数,个位与万位相同,十位与千位相同。请改正程序中的错误。

```
#include <stdio.h>
void main()
{  /**********FOUND**********/
   long ge,shi,qian;wan,x;
   scanf("%ld",&x);
   /**********FOUND**********/
   wan=x%10000;
   qian=x%10000/1000;
   shi=x%100/10;
   ge=x%10;
   /**********FOUND**********/
   if(ge==wan||shi==qian)
      printf("this number is a huiwen\n");
   else
      printf("this number is not a huiwen\n");
}
```

(2) 利用条件运算符的嵌套来完成本题:学习成绩≥90 分的同学用 A 表示,60～89 分的同学用 B 表示,60 分以下的同学用 C 表示。请改正程序中的错误。

```
#include <stdio.h>
void main()
{  nt score;
   /**********FOUND**********/
   char *grade;
   printf("please input a score\n");
   /**********FOUND**********/
   scanf("%d",score);
   /**********FOUND**********/
   grade=score>=90?'A';(score>=60?'B':'C');
   printf("%d belongs to %c\n",score,grade);
}
```

2. 程序填空题

(1) 下列程序的功能是输出 3 个数中的最大数。请填空。

```
#include <stdio.h>
void main()
{  int x=4, y=6,z=7;
   /***********SPACE***********/
   int u,【1】;
   if(x>y)
      /***********SPACE***********/
```

```
         【2】;
    else
        u=y;
    if(u>z)
        v=u;
    else
        v=z;
    printf("the max is %d\n",v );
}
```

(2) 下列程序的功能是输入某年某月某日，判断这一天是这一年的第几天。请填空。

```
#include <stdio.h>
void main()
{   int day,month,year,sum,leap;
    printf("\nplease input year,month,day\n");
    scanf("%d,%d,%d",&year,&month,&day);
    switch(month)
    {   case 1:sum=0;break;
        case 2:sum=31;break;
        case 3:sum=59;break;
        /***********SPACE***********/
        case 4:【1】;break;
        case 5:sum=120;break;
        case 6:sum=151;break;
        case 7:sum=181;break;
        case 8:sum=212;break;
        case 9:sum=243;break;
        case 10:sum=273;break;
        case 11:sum=304;break;
        case 12:sum=334;break;
        default:printf("data error");break;
    }
    /***********SPACE***********/
    【2】;
    /***********SPACE***********/
    if(year%400==0||【3】)
        leap=1;
    else
        leap=0;
    /***********SPACE***********/
    if(【4】)
        sum++;
    printf("it is the %dth day.",sum);
}
```

3. 程序设计题

编程实现对某一浮点数保留 2 位小数，并对第三位小数进行四舍五入。输出 6 位小数，后 4 位均为 0。(说明：因为关于函数调用的知识在第 7 章讲解，所以现阶段本程序的设计可以改用一个主函数来完成。)

```
#include <stdio.h>
#include "conio.h"
double fun(float h)
{  /**********Program**********/




   /********** End **********/
}
void main()
{  float m;
   printf("Enter m: ");
   scanf("%f", &m);
   printf("\nThe result is %f\n", fun(m));
}
```

2.4 单层循环程序设计

一、实验目的

1．掌握 while 语句、do-while 语句和 for 语句的基本使用方法。

2．掌握循环结构程序设计的一些常用算法。

二、实验内容(均要求给出运行结果)

1．程序改错题

(1) 下列程序的功能是求出 $1×1+2×2+\cdots+n×n\leqslant 1000$ 中满足条件的最大的 n。

```
#include <stdio.h>
void main()
{  int n,s;
   /**********FOUND**********/
   s==n=0;
   /**********FOUND**********/
   while(s>1000)
      {  ++n;
         s+=n*n;
      }
   /**********FOUND**********/
   printf("n=%d\n",&n-1);
}
```

(2) 一球从 100 米高度自由落下，每次落地后反跳回原高度的一半，再落下，求它在第 10 次落地时，共经过多少米？第 10 次反弹多高？

```
#include <stdio.h>
void main()
{  /**********FOUND**********/
```

```
        float sn=100.0;hn=sn/2;
        int n;
        /**********FOUND**********/
        for(n=2;n<10;n++)
            { sn=sn+2*hn;
                /**********FOUND**********/
                hn=hn%2;
            }
        printf("the total of road is %f\n",sn);
        printf("the tenth is %f meter\n",hn);
    }
```

2. 程序填空题

(1) 以每行 5 个数来输出 300 以内能被 7 或 17 整除的偶数，并求出其和。请填空。

```
#include <stdio.h>
void main()
{   int i,n,sum;
    sum=0;
    /**********SPACE**********/
    【1】;
    /**********SPACE**********/
    for(i=1; 【2】 ;i++)
        /**********SPACE**********/
        if(【3】)
            if(i%2==0)
            { sum=sum+i;
                n++;
                printf("%6d",i);
                /**********SPACE**********/
                if(【4】)
                    printf("\n");
            }
    printf("\ntotal=%d\n",sum);
}
```

(2) 计算平均成绩并统计 90 分以上的人数。请填空。

```
#include <stdio.h>
void main()
{   int n,m;
    float grade,average;
    average=0.0;
    /**********SPACE**********/
    n=m=【1】;
    while(1)
    {   /**********SPACE**********/
        【2】("%f",&grade);
        if(grade<0) break;
        n++;
```

```
            average+=grade;
        /**********SPACE**********/
            if(grade<90)【3】;
            m++;
        }
        if(n)
            printf("%.2f\n%d\n",average/n,m);
    }
```

3．程序设计题

编程实现求一个四位数的各位数字的立方和。(说明：因为关于函数调用的知识在第 7 章讲解，所以现阶段本程序的设计可以改用一个主函数来完成。)

```
#include <stdio.h>
int fun(int n)
{   /**********Program**********/



    /********** End **********/
}
void main()
{   int k;
    k=fun(1234);
    printf("k=%d\n",k);
}
```

2.5 嵌套循环程序设计

一、实验目的

1．掌握嵌套循环的程序设计方法。
2．掌握 break 语句和 continue 语句的使用方法。
3．掌握结构化程序设计的基本技巧和方法。

二、实验内容(均要求给出运行结果)

1．程序改错题

(1) 下列程序的功能是循环读取 7 个整数(1～50)，每读取一个整数存入变量 a，最后输出 a 个*。请改正程序中的错误。

```
#include <stdio.h>
void main()
{   int i,a,n=1;
    /**********FOUND**********/
    while(n<7)
    {   do
        {   scanf("%d",&a);
```

```
        }
   /**********FOUND**********/
   while(a<1&&a>50);
   /**********FOUND**********/
   for(i=0;i<=a;i++)
      printf("*");
   printf("\n");
   n++;
  }
}
```

(2) 下列程序的功能是将一个正整数分解质因数。例如，输入 90，输出 90=2*3*3*5。请改正程序中的错误。

```
#include <stdio.h>
void main()
{  int n,i;
   printf("\nplease input a number:\n");
   scanf("%d",&n);
   printf("%d=",n);
   for(i=2;i<=n;i++)
   {  /**********FOUND**********/
      while(n==i)
      {  /**********FOUND**********/
         if(n%i==1)
         {  printf("%d*",i);
            /**********FOUND**********/
            n=n%i;
         }
         else
            break;
      }
   }
   printf("%d\n",n);
}
```

2. 程序填空题

(1) 输出 1 到 100 之间每位数的乘积大于每位数的和的数。例如，数字 26，每位数上数字的乘积 12 大于数字的和 8。请填空。

```
#include <stdio.h>
void main()
{  int n,k=1,s=0,m;
   for(n=1;n<=100;n++)
   {  k=1;
      s=0;
      /**********SPACE**********/
      【1】 ;
      /**********SPACE**********/
      while( 【2】 )
```

```
        {  k*=m%10;
           s+=m%10;
           /***********SPACE***********/
           【3】;
        }
        if(k>s)
           printf("%d ",n);
    }
}
```

(2) 如果整数 A 的全部因子(包括1，不包括 A 本身)之和等于 B，且整数 B 的全部因子(包括1，不包括 B 本身)之和等于 A，则将整数 A 和 B 称为亲密数。求3000以内的全部亲密数。请填空。

```
#include <stdio.h>
void main()
{  int a, i, b, n;
   printf("Friendly-numbers pair samller than 3000:\n");
   for(a=1; a<3000; a++)
   {  for(b=0,i=1; i<=a/2; i++ )
         /***********SPACE***********/
         if(!(a%i)) 【1】 ;
      for(n=0,i=1; i<=b/2; i++)
         /***********SPACE***********/
         if(!(b%i)) 【2】 ;
      /***********SPACE***********/
      if(【3】 && a<b)
         printf("%4d~%4d\n",a,b);
   }
}
```

3．程序设计题

求给定正整数 m 以内的素数之和。例如，当 $m=20$ 时，输出77。(说明：因为关于函数调用的知识在第7章讲解，所以现阶段本程序的设计也可以改用一个主函数来完成。)

```
#include <stdio.h>
int fun(int m)
{  /**********Program**********/



   /********** End **********/
}
void main()
{  int y;
   y=fun(20);
   printf("y=%d\n",y);
}
```

2.6 一维数组程序设计

一、实验目的

1. 掌握一维数组的定义、赋值、初始化及输入输出的方法。
2. 掌握与数组有关的算法。(重点是排序算法)

二、实验内容(均要求给出运行结果)

1. 程序改错题

(1) 下列程序的功能是在一个已按升序排列的数组中插入一个数,插入后,数组元素仍按升序排列。请改正程序中的错误。

```
#include <stdio.h>
#define N 11
void main()
{ int i,number,a[N]={1,2,4,6,8,9,12,15,149,156};
    printf("please enter an integer to insert in the array:\n");
    /**********FOUND**********/
    scanf("%d",&number)
    printf("The original array:\n");
    for(i=0;i<N-1;i++)
        printf("%5d",a[i]);
    printf("\n");
    /**********FOUND**********/
    for(i=N-1;i>=0;i--)
        if(number<=a[i])
            /**********FOUND**********/
            a[i]=a[i-1];
        else
        {  a[i+1]=number;
            /**********FOUND**********/
            exit;
        }
    if(number<a[0])  a[0]=number;
    printf("The result array:\n");
    for(i=0;i<N;i++)
        printf("%5d",a[i]);
    printf("\n");
}
```

(2) 某个公司采用网络传递数据,数据是四位整数,在传递过程中是加密的。加密规则如下:每位数字都加上 5,然后除以 10 的余数代替该位数字,再将新生成数据的第一位和第四位交换,第二位和第三位交换。例如,输入一个四位整数 1234,则输出 9876。请改正程序中的错误。

```
#include <stdio.h>
```

```
void main()
{   int a,i,aa[4],t;
    printf("输入一个四位整数：");
/**********FOUND**********/
    scanf("%d",a);
    aa[0]=a%10;
/**********FOUND**********/
    aa[1]=a%100%10;
    aa[2]=a%1000/100;
    aa[3]=a/1000;
/**********FOUND**********/
    for(i=0;i<3;i++)
    {   aa[i]+=5;
        aa[i]%=10;
    }
    for(i=0;i<=3/2;i++)
    {   t=aa[i];
        aa[i]=aa[3-i];
        aa[3-i]=t;
    }
    for(i=3;i>=0;i--)
        printf("%d",aa[i]);
}
```

2．程序填空题

(1) 下列程序的功能是输出 1000 以内的所有完数及其因子。所谓完数是指一个整数的值等于它的因子之和。例如，6 的因子是 1、2、3，而 6=1+2+3，故 6 是一个完数。请填空。

```
#include <stdio.h>
void main()
{   int i,j,m,s,k,a[100];
    for(i=1; i<=1000; i++ )
    {   m=i; s=0; k=0;
        for(j=1; j<m ; j++)
/***********SPACE***********/
            if(【1】)
            {   s=s+j;
/***********SPACE***********/
                【2】=j;
            }
        if(s!=0&&s==m)
        {   /***********SPACE***********/
            for(j=0; 【3】 ; j++)
                printf("%4d",a[j]);
            printf(" =%4d\n",i);
        }
    }
}
```

(2) 下列程序的功能是产生 10 个[30,90]区间内的随机整数，然后对其用选择法进行由小到大的排序。请填空。

```
#include <stdio.h>
#include <stdlib.h>
#include "time.h"
void main()
{   /***********SPACE***********/
    【1】;
    int i,j,k;
    int a[10];
    srand(time(0));
    for(i=0;i<10;i++)
        a[i]= rand()%61+30;
    for(i=0;i<9;i++)
    {   /***********SPACE***********/
        【2】;
        for(j=i+1;j<10;j++)
            /***********SPACE***********/
            if(【3】) k=j;
        if(k!=i)
        {   t=a[k];
            a[k]=a[i];
            a[i]=t;
        }
    }
    /***********SPACE***********/
    for(【4】 )
        printf("%5d",a[i]);
    printf("\n");
}
```

3．程序设计题

编程实现求一批数中最大值和最小值的差。(说明：因为关于函数调用的知识在第 7 章讲解，所以现阶段本程序的设计也可以改用一个主函数来完成。)

```
#define N 30
#include "stdlib.h"
#include <stdio.h>
int max_min(int a[],int n)
{   /**********Program**********/



    /**********  End  **********/
}
void main()
{   int a[N],i,k;
    for(i=0;i<N;i++)
```

```
        a[i]=rand()%100;
    for(i=0;i<N;i++)
    {   printf("%5d",a[i]);
        if((i+1)%5==0) printf("\n");
    }
    k=max_min(a,N);
    printf("the result is:%d\n",k);
}
```

2.7 二维数组程序设计

一、实验目的

1．掌握二维数组的定义、引用和初始化方法。
2．掌握数组在实际问题中的应用。

二、实验内容(均要求给出运行结果)

1．程序改错题

(1) 输出杨辉三角形(要求打印出 10 行)。请改正程序中的错误。

```
#include <stdio.h>
void main()
{   int i,j;
    int a[10][10];
    printf("\n");
    /**********FOUND**********/
    for(i=1;i<10;i++)
    {   a[i][0]=1;
        a[i][i]=1;
    }
    /**********FOUND**********/
    for(i=1;i<10;i++)
        for(j=1;j<i;j++)
            /**********FOUND**********/
            a[i][i]=a[i-1][j-1]+a[i-1][j];
    for(i=0;i<10;i++)
    {   for(j=0;j<=i;j++)
            printf("%5d",a[i][j]);
        printf("\n");
    }
}
```

(2) 利用二维数组输出如下所示的图形。请改正程序中的错误。

```
    *******
     *****
      ***
```

```
            *
           ***
          *****
         *******

#include <stdio.h>
#include <conio.h>
#define N  7
void main()
{   /**********FOUND**********/
    int a[N][N];
    int i,j,z;
    for(i=0;i<N;i++)
        for(j=0;j<N;j++)
            /**********FOUND**********/
            a[i][j]=;
    z=0;
    for(i=0;i<(N+1)/2;i++)
    {   for(j=z;j<N-z;j++)
            /**********FOUND**********/
            a[i][j]=' ';
        z=z+1;
    }
    z=z-1;
    for(i=(N+1)/2;i<N;i++)
    {   z=z-1;
        for(j=z;j<N-z;j++)
            a[i][j]='*';
    }
    for(i=0;i<N;i++)
    {   for(j=0;j<N;j++)
            /**********FOUND**********/
            printf("%d",a[i][j]);
        printf("\n");
    }
}
```

2．程序填空题

(1) 下列程序的功能是产生并输出如下形式的方阵。请填空。

    1 2 2 2 2 2 1
    3 1 2 2 2 1 4
    3 3 1 2 1 4 4
    3 3 3 1 4 4 4
    3 3 1 5 1 4 4
    3 1 5 5 5 1 4
    1 5 5 5 5 5 1

```
#include <stdio.h>
void main()
{  int a[7][7];
   int i,j;
   for(i=0;i<7;i++)
      for(j=0;j<7;j++)
      {  /***********SPACE***********/
         if (【1】) a[i][j]=1;
         /***********SPACE***********/
         else if(i<j&&i+j<6) 【2】;
         else if(i>j&&i+j<6) a[i][j]=3;
         /***********SPACE***********/
         else if(【3】) a[i][j]=4;
         else a[i][j]=5;
      }
   for(i=0;i<7;i++)
   {  for(j=0;j<7;j++)
         printf("%4d",a[i][j]);
      /***********SPACE***********/
      【4】;
   }
}
```

(2) 下列程序的功能是求一个二维数组中每行的最大值和每行的和(二维数组元素的值要求是随机生成的小于 40 的数)。请填空。

```
#include <stdio.h>
#include <time.h>
#include <stdlib.h>
void main()
{  int a[5][5],b[5],c[5],i,j,k,sum=0;
   srand(time(0));
   for(i=0;i<5;i++)
      for(j=0;j<5;j++)
         a[i][j]=rand()%40;
   for(i=0;i<5;i++)
   {  /***********SPACE***********/
      k=a[i][0]; 【1】;
      for(j=0;j<5;j++)
      {  /***********SPACE***********/
         if(【2】) k=a[i][j];
         sum=sum+a[i][j];
      }
      b[i]=k;
      /***********SPACE***********/
      c[i]=【3】;
   }
   for(i=0;i<5;i++)
   {  for(j=0;j<5;j++)
         /***********SPACE***********/
```

```
           printf("%5d", 【4】);
        printf("%5d%5d",b[i],c[i]);
        printf("\n");
    }
}
```

3. 程序设计题

编程实现求 5 行 5 列矩阵主、副对角线上的元素之和。注意，两条对角线相交的元素只加一次。例如，主函数中给出的矩阵的两条对角线的和为 45。(说明：因为关于函数调用的知识在第 7 章讲解，所以现阶段本程序的设计也可以改用一个主函数来完成。)

```
#include <stdio.h>
#define M 5
int fun(int a[M][M])
{  /**********Program**********/



   /********** End **********/
}
void main()
{   int a[M][M]
   ={{1,3,5,7,9},{2,4,6,8,10},{2,3,4,5,6},{4,5,6,7,8},{1,3,4,5,6}};
    int y;
    y=fun(a);
    printf("s=%d\n",y);
}
```

2.8 字符数组程序设计

一、实验目的

1. 进一步掌握数组(重点是一维数组)的应用。
2. 掌握字符数组和字符串函数的使用。

二、实验内容(均要求给出运行结果)

1. 程序改错题

(1) 下列程序的功能是从字符串 str 中删除第 i 个字符开始的连续 n 个字符(注意：str[0] 代表字符串的第一个字符)。请改正程序中的错误。

```
#include <stdio.h>
/**********FOUND**********/
#include <stdlib.h>
void main()
{   char  str[81];
    int i,n;
    printf("请输入字符串 str 的值:\n");
```

```
     scanf("%s",str);
     printf("你输入的字符串 str 是:%s\n",str);
     printf("请输入删除位置 i 和待删字符个数 n 的值:\n");
     scanf("%d%d",&i,&n);
     while (i+n-1>strlen(str))
     {  printf("删除位置 i 和待删字符个数 n 的值错！请重新输入 i 和 n 的值\n");
        scanf("%d%d",&i,&n);
     }
     /**********FOUND**********/
     while(str[i+n])
     {  str[i-1]=str[i+n-1];
        i++;
     }
     /**********FOUND**********/
     str[i]='\0';
     printf("删除后的字符串 str 是:%s\n",str);
}
```

(2) 下列程序的功能是求 3 个字符串(每串不超过 20 个字符)中的最大者。请改正程序中的错误。

```
#include <stdio.h>
#include <string.h>
void main()
{  char s[20],string[3][20];
   int i;
   for(i=0; i<3;i++)
      /**********FOUND**********/
      gets(string);
   /**********FOUND**********/
   if(string[0][0]>string[1][0])
      strcpy(s,string[0]);
   else
      strcpy(s,string[1]);
   if(string[2]>s)
      strcpy(s,string[2]);
   /**********FOUND**********/
   printf(s);
}
```

2．程序填空题

(1) 下列程序的功能是删除字符串中的指定字符，字符串和要删除的字符均由键盘输入。请填空。

```
#include <stdio.h>
void main()
{  char str[80],ch;
   /***********SPACE***********/
   int i,k=【1】;
   gets(str);
```

```
/**********SPACE**********/
   ch=【2】;
   for(i=0;str[i]!='\0';i++)
      if(str[i]!=ch)
      { /**********SPACE**********/
         【3】;
         k++;
      }
/**********SPACE**********/
   【4】;
   puts(str);
}
```

(2) 下列程序的功能是将字符串 s 中的数字字符放入 d 数组中,然后输出 d 中的字符串。例如,输入字符串 abc123edf456<回车>,运行程序后输出 123456。请填空。

```
#include <stdio.h>
#include <string.h>
void main()
{ char s[80],d[80]; int i,j;
   gets(s);
/**********SPACE**********/
   for(i=j=0;【1】;i++)
      /**********SPACE**********/
      if(【2】) {d[j]=s[i]; j++;}
   d[j]='\0';
   puts(d);
}
```

3．程序设计题

编程实现求一个给定字符串中的字母的个数。(说明：因为关于函数调用的知识在第 7 章讲解，所以现阶段本程序的设计也可以改用一个主函数来完成。)

```
#include <stdio.h>
int fun(char s[])
{ /**********Program**********/




  /********** End **********/
}
void main()
{ char str[]="Best wishes for you!";
   int k;
   k=fun(str);
   printf("k=%d\n",k);
}
```

2.9 函数调用程序设计

一、实验目的

1．掌握函数的定义方法。
2．掌握函数的声明与调用方法。
3．掌握函数实参与形参的对应关系，以及"值传递"的方式。
4．掌握函数的嵌套调用。

二、实验内容(均要求给出运行结果)

1．程序改错题

(1) 下列程序的功能是求二分之一的圆面积，函数通过形参得到圆的半径，函数返回二分之一的圆面积。例如，输入圆的半径值为 19.527，输出 s = 598.950017。请改正程序中的错误。

```
#include <stdio.h>
/**********FOUND**********/
double fun(r)
{ double s;
  /**********FOUND**********/
  s=1/2*3.14159*r*r;
  /**********FOUND**********/
  return r;
}
void main()
{ float x;
  printf("Enter x: ");
  scanf("%f", &x );
  printf("s=%f\n", fun(x));
}
```

(2) 下列程序的功能是判断 m 是否为素数，若是返回 1，否则返回 0。请改正程序中的错误。

```
#include <stdio.h>
/**********FOUND**********/
int  fun(int n)
{  int i,k=1;
   if(m<=1) k=0;
   /**********FOUND**********/
   for(i=1;i<m;i++)
      /**********FOUND**********/
      if(m%i=0) k=0;
   /**********FOUND**********/
   return m;
}
```

```
void main()
{  int m,k=0;
   for(m=1;m<100;m++)
       if(fun(m)==1)
       {  printf("%4d",m);k++;
          if(k%5==0) printf("\n");
       }
}
```

2．程序填空题

(1) 下列程序的功能是计算并输出 500 以内最大的 10 个能被 13 或 17 整除的自然数之和。请填空。

```
#include <stdio.h>
int fun(int  k)
{  int m=0;
   /***********SPACE***********/
   int mc=【1】;
   /***********SPACE***********/
   while (k>=2 && mc<【2】)
   {  /***********SPACE***********/
      if(k%13 == 0 || 【3】)
      {  m=m+k;
         mc++;
      }
      k--;
   }
   return m;
}
void main()
{  /***********SPACE***********/
   printf("%d\n", 【4】);
}
```

(2) 下列程序的功能是计算 sum＝1+(1+1/2)+(1+1/2+1/3)+…+(1+1/2+…+1/n)的值。例如，当 n＝3，sum＝4.3333333。请填空。

```
#include <stdio.h>
double f(int n)
{  int i;
   double s;
   s=0;
   for(i=1;i<=n;i++)
      /***********SPACE***********/
      【1】;
   return s;
}
void main()
{  int i,m=3;
   double sum=0;
```

```
    for(i=1;i<=m;i++)
       /***********SPACE***********/
         【2】;
    /***********SPACE***********/
    printf("【3】\n",sum);
}
```

3．程序设计题

编程实现找出一个大于给定整数且紧随这个整数的素数，并作为函数值返回。

```
#include <stdio.h>
#include "conio.h"
int fun(int n)
{  /**********Program**********/



   /**********  End  **********/
}
void main()
{  int  m;
   printf("Enter m: ");
   scanf("%d", &m);
   printf("\nThe result is %d\n", fun(m));
}
```

2.10　递归函数和数组作为参数程序设计

一、实验目的

1．掌握函数的递归调用。
2．了解数组名作为函数参数的用法，以及"地址传递"的方式。
3．理解局部变量、全局变量及存储类别的概念。
4．学习对多文件程序的编译和运行。

二、实验内容(均要求给出运行结果)

1．程序改错题

(1) 有 5 个人坐在一起，问第五个人的岁数，他说比第四个人大 2 岁；问第四个人的岁数，他说比第三个人大 2 岁；问第三个人的岁数，他说比第二个人大 2 岁；问第二个人的岁数，他说比第一个人大 2 岁；最后问第一个人的岁数，他说是 10 岁。请问第五个人多大？请改正程序中的错误。

```
#include <stdio.h>
age(int n)
{  int c;
   /**********FOUND**********/
```

```
       if(n=1)
           c=10;
       else
           /**********FOUND**********/
           c=age(n)+2;
       return(c);
   }
   void main ()
   {  /**********FOUND**********/
       printf("%d\n",age5);
   }
```

(2) 利用递归函数调用方式，将所输入的 5 个字符以相反顺序输出。请改正程序中的错误。

```
#include <stdio.h>
void main()
{   int i=5;
    void palin(int n);
    printf("\40:");
    palin(i);
    printf("\n");
}
void palin(int n)
{  /**********FOUND**********/
    int next;
    if(n<=1)
    {  /**********FOUND**********/
        next!=getchar();
        printf("\40:");
        putchar(next);
    }
    else
    {  next=getchar();
       /**********FOUND**********/
       palin(n);
       putchar(next);
    }
}
```

2．程序填空题

(1) 下列程序的功能是用递归法将一个整数 n 转换成字符串。例如，输入整数 483，应输出对应的字符串 483。n 的位数不确定，可以是任意位数的整数。请填空。

```
#include <stdio.h>
void convert(int n)
{   int i;
    /***********SPACE***********/
    if((【1】)!=0)
       convert(i);
```

```
    /***********SPACE***********/
    putchar(n%10+【2】);
}
void main()
{  int number;
   printf("\ninput an integer:");
   scanf("%d",&number);
   printf("Output:");
   if(number<0)
   {  putchar('-');
      /***********SPACE***********/
      【3】;
   }
   convert(number);
}
```

(2) 下列程序的功能是统计一个字符串中的字母、数字、空格和其他字符的个数。请填空。

```
#include <stdio.h>
void fun(char s[],int b[])
{  int i;
   for(i=0;s[i]!='\0';i++)
      if('a'<=s[i]&&s[i]<='z'||'A'<=s[i]&&s[i]<='Z')
         b[0]++;
      /***********SPACE***********/
      else if(【1】)
         b[1]++;
      /***********SPACE***********/
      else if(【2】 )
         b[2]++;
      else
         b[3]++;
}
void main()
{  char s1[80];int a[4]={0};
   int k;
   /***********SPACE***********/
   【3】;
   gets(s1);
   /***********SPACE***********/
   【4】;
   puts(s1);
   for(k=0;k<4;k++)
      printf("%4d",a[k]);
}
```

3. 程序设计题

编程实现求 k!（$k<13$），所求阶乘的值作为函数值返回。(要求使用递归法)

```
#include <stdio.h>
#include "conio.h"
long fun(int k)
{ /**********Program**********/



  /********* End *********/
}
void main()
{ int m;
  printf("Enter m: ");
  scanf("%d", &m);
  printf("\nThe result is %ld\n", fun(m));
}
```

2.11 指针与变量程序设计

一、实验目的

1. 掌握指针的概念、指针的定义和使用方法。
2. 了解指针的基类型。
3. 掌握指针与简单变量的关系及使用方法。

二、实验内容(均要求给出运行结果)

1. 程序改错题

(1) 下列程序的功能是求两个形参的乘积和商数，并通过形参返回调用程序。请改正程序中的错误。

```
#include <stdio.h>
#include <conio.h>
/**********FOUND**********/
void fun(double a, b, double *x, double *y)
{ /**********FOUND**********/
  x=a*b;
  /**********FOUND**********/
  y=a/b;
}
void main()
{ double a, b, c, d;
  printf("Enter a, b: ");
  scanf("%lf%lf", &a, &b);
  fun(a, b, &c, &d);
  printf("c=%f d=%f\n", c, d);
}
```

(2) 下列程序的功能是将长整型数中每一位为偶数的数依次取出，构成一个新数并输出。高位仍在高位，低位仍在低位。例如，当长整型数为 87654 时，输出 864。请改正程序中的错误。

```
#include <conio.h>
#include <stdio.h>
void fun(long s, long *t)
{  int d;
   long sl=1;
   *t=0;
   while(s>0)
   {  d=s%10;
      /**********FOUND**********/
      if(d%2=0)
      {  /**********FOUND**********/
         *t=d*sl+t;
         sl*=10;
      }
      /**********FOUND**********/
      s\=10;
   }
}
void main()
{  long s, t;
   printf("\nPlease enter s:");
   scanf("%ld", &s);
   fun(s, &t);
   printf("The result is: %ld\n", t);
}
```

2．程序填空题

(1) 下列程序的功能是输出两个整数中较大的那个数，两个整数由键盘输入。请填空。

```
#include <stdio.h>
#include <stdlib.h>
void main()
{  int *p1,*p2;
   /**********SPACE**********/
   p1=【1】malloc(sizeof(int));
   p2=(int*)malloc(sizeof(int));
   /**********SPACE**********/
   scanf("%d%d",【2】,p2);
   if(*p2>*p1) *p1=*p2;
   free(p2);
   /**********SPACE**********/
   printf("max=%d\n",【3】);
}
```

(2) 下列程序的功能是输入 3 个数，按从小到大的顺序输出。请填空。

```
#include <stdio.h>
void main()
{ void swap(int *p1, int *p2);
  int n1,n2,n3;
  int *pointer1,*pointer2,*pointer3;
  printf("please input 3 number:n1,n2,n3:");
  scanf("%d,%d,%d",&n1,&n2,&n3);
  pointer1=&n1;
  pointer2=&n2;
  pointer3=&n3;
  /**********SPACE**********/
  if(【1】) swap(pointer1,pointer2);
  /**********SPACE**********/
  if(【2】) swap(pointer1,pointer3);
  /**********SPACE**********/
  if(【3】) swap(pointer2,pointer3);
  printf("the sorted numbers are:%d,%d,%d\n",n1,n2,n3);
}
/**********SPACE**********/
void swap(【4】)
{ int p;
  p=*p1;*p1=*p2;*p2=p;
}
```

3．程序设计题

编程实现删除所有值为 y 的元素。数组元素中的值和 y 的值由主函数通过键盘输入。

```
#include <stdio.h>
#include <conio.h>
#include <stdio.h>
#define M 20
void fun(int bb[],int *n,int y)
{ /**********Program**********/




  /********** End **********/
}
void main()
{ int aa[M],n,y,k;
  printf("\nPlease enter n:");scanf("%d",&n);
  printf("\nEnter %d positive number:\n",n);
  for(k=0;k<n;k++) scanf("%d",&aa[k]);
  printf("The original data is:\n");
  for(k=0;k<n;k++) printf("%5d",aa[k]);
  printf("\nEnter a number to deletede:");scanf("%d",&y);
  fun(aa,&n,y);
  printf("The data after deleted %d:\n",y);
```

```
        for(k=0;k<n;k++) printf("%4d",aa[k]);
        printf("\n");
}
```

2.12　指针与数组程序设计

一、实验目的

1．掌握指针与一维数组的关系及使用方法。
2．掌握指针与二维数组的关系及使用方法。
3．掌握指针数组的使用方法。
4．了解二级指针的概念和用法。

二、实验内容(均要求给出运行结果)

1．程序改错题

(1) 下列程序的功能是在一个一维整型数组中找出其中最大的数及其下标。请改正程序中的错误。

```
#include <stdio.h>
#define N 10
/**********FOUND**********/
float fun(int *a,int *b,int n)
{   int *c,max=*a;
    for(c=a+1;c<a+n;c++)
        if(*c>max)
        {   max=*c;
            /**********FOUND**********/
            b=c-a;
        }
    return max;
}
void main()
{   int a[N],i,max,p=0;
    printf("please enter 10 integers:\n");
    for(i=0;i<N;i++)
        /**********FOUND**********/
        get("%d",a[i]);
    /**********FOUND**********/
    m=fun(a,p,N);
    printf("max=%d,position=%d\n",max,p);
}
```

(2) 下列程序的功能是删除 w 所指数组中下标为 k 的元素中的值。程序中调用了 getindex、arrout 和 arrdel 三个函数。getindex 函数用来输入所删元素的下标，该函数对输入的下标进行检查，若越界，则要求重新输入，直到正确；arrout 函数用来输出数组中的数据；arrdel 函数用来进行所要求的删除操作。请改正程序中的错误。

```
#include <stdio.h>
#define NUM 10
/**********FOUND**********/
arrout ( int w, int m )
{  int k;
   /**********FOUND**********/
   for(k=1; k<m; k++)
      /**********FOUND**********/
      printf("%d " w[k]);
   printf("\n");
}
arrdel(int *w, int n, int k)
{  int i;
   for(i=k; i<n-1; i++)
      w[i]=w[i+1];
   n--;
   return n;
}
getindex(int n)
{  int i;
   do
   {  printf("\nEnter the index [0<=i<%d]: ", n );
      scanf("%d",&i );
   }while(i<0 || i>n-1);
   return i;
}
void main()
{  int n, d, a[NUM]={21,22,23,24,25,26,27,28,29,30};
   n=NUM;
   printf("Output primary data :\n"); arrout(a, n);
   d=getindex(n); n=arrdel(a, n, d);
   printf("Output the data after delete :\n"); arrout(a, n);
}
```

2. 程序填空题

(1) 下列程序的功能是建立一个二维数组，并按以下格式输出。请填空。

　　10001
　　01010
　　00100
　　01010
　　10001

```
#include <stdio.h>
void main()
{  int c[5][5]={0},*p[5],i,j;
   for(i=0;i<5;i++)
      /**********SPACE**********/
      p[i]=【1】;
```

```
        for(i=0;i<5;i++)
        {   /***********SPACE***********/
            *(p[i]+i)=【2】;
            /***********SPACE***********/
            *(p[i]+5-(【3】))=1;
        }
        for(i=0;i<5;i++)
        {   for(j=0;j<5;j++)  printf("%2d",p[i][j]);
            /***********SPACE***********/
            putchar('【4】');
        }
}
```

(2) 下列程序的功能是求一批数据(数组)的最大值并返回下标。请填空。

```
#include <stdio.h>
int max(int *p,int n,int *index)
{   int i,in=0,m;
    /***********SPACE***********/
    【1】;
    for(i=1;i<n;i++)
        if(m<*(p+i))
        {   m=*(p+i);
            /***********SPACE***********/
            【2】;
        }
    *index=in;
    /***********SPACE***********/
    【3】;
}
void main()
{   int i,a[10]={3,7,5,1,2,8,6,4,10,9},m;
    /***********SPACE***********/
    m=【4】;
    printf("最大值%d,下标%d\n", m,i);
}
```

3．程序设计题

编程实现对有 7 个字符的字符串，除首、尾字符外，将其余 5 个字符按降序排列。例如，字符串为 CEAedca，排序后输出为 CedcEAa。

```
#include <stdio.h>
#include <ctype.h>
#include <conio.h>
void fun(char *s,int num)
{   /**********Program**********/




    /********** End **********/
```

```
}
void main()
{   char s[10];
    printf("输入7个字符的字符串:");
    gets(s);
    fun(s,7);
    printf("\n%s\n",s);
}
```

2.13 指针与字符串程序设计

一、实验目的

1. 掌握指针与字符数组的关系。
2. 掌握利用字符指针处理字符串的基本方法。

二、实验内容(均要求给出运行结果)

1. 程序改错题

(1) 下列程序的功能是从键盘接收一个字符串,然后按照字符顺序从小到大进行排序,并删除重复的字符。请改正程序中的错误。

```
#include <stdio.h>
#include <string.h>
void main()
{   char str[100],*p,*q,*r,c;
    printf("输入字符串:");
    gets(str);
    /**********FOUND**********/
    for(p=str;p;p++)
    {   for(q=r=p;*q;q++)
            if(*r>*q)
                r=q;
        /**********FOUND**********/
        if(r==p)
        {   /**********FOUND**********/
            c=r;
            *r=*p;
            *p=c;
        }
    }
    for(p=str;*p;p++)
    {   for(q=p;*p==*q;q++);
        strcpy(p+1,q);
    }
    printf("结果字符串: %s\n\n",str);
}
```

第二部分　实验项目

(2) 下列程序的功能是判断字符 ch 是否与 str 所指字符串中的某个字符相同，若相同，什么也不做，若不同，则将其插在字符串的最后。请改正程序中的错误。

```c
#include <conio.h>
#include <stdio.h>
#include <string.h>
/**********FOUND**********/
void fun(char str, char ch )
{  while( *str && *str != ch )
      str++;
   /**********FOUND**********/
   if(*str==ch )
   {  str[0]=ch;
      /**********FOUND**********/
      str[1]='0';
   }
}
void main()
{  char s[81], c ;
   printf("\nPlease enter a string:\n");
   gets(s);
   printf("\n Please enter the character to search : ");
   c=getchar();
   fun(s, c) ;
   printf("\nThe result is %s\n", s);
}
```

2．程序填空题

(1) 下列程序的功能是，设有两个字符串 a、b，将 a、b 中相对应字符中的较大者存放在数组 c 的对应位置上。请填空。

```c
#include "stdio.h"
#include "string.h"
void main( )
{  int k=0;
   char a[80], b[80], c[80]={'\0'}, *p, *q;
   p=a; q=b; gets (a); gets (b);
   while(*p!='\0'&&*q!='\0')
   {  /**********SPACE**********/
      if(【1】 ) c[k]=*q;
      /**********SPACE**********/
      else c[k]=【2】 ;
      p++; q++; k++;
   }
   if(*p!='\0') strcat(c, p);
   else strcat(c, q);
   puts (c);
}
```

71

(2) 下列程序的功能是将 s 所指字符串的正序和反序进行连接，形成一个新字符串放在 t 所指的数组中。例如，当 s 字符串为 ABCD 时，则 t 字符串中的内容应为 ABCDDCBA。请填空。

```c
#include <stdio.h>
#include <string.h>
void fun(char *s, char *t)
{   int  i, d;
    /**********SPACE**********/
    d=【1】;
    /**********SPACE**********/
    for(i=0; i<d; 【2】)
        t[i]=s[i];
    for(i=0; i<d; i++)
        /**********SPACE**********/
        t[【3】] = s[d-1-i];
    /**********SPACE**********/
    t[【4】] ='\0';
}
void main()
{   char  s[100], t[100];
    printf("\nPlease enter string S:"); scanf("%s", s);
    fun(s, t);
    printf("\nThe result is: %s\n", t);
}
```

3. 程序设计题

编写函数 fun 求一个字符串的长度，在 main 函数中输入字符串，并输出其长度。

```c
#include <stdio.h>
int fun(char *p1)
{   /*********Program*********/



    /********* End *********/
}
void main()
{   char *p,a[20];
    int len;
    p=a;
    printf("please input a string:\n");
    gets(p);
    len=fun(p);
    printf("The string's length is:%d\n",len);
}
```

第二部分　实验项目

2.14　结构体程序设计

一、实验目的

1．掌握结构体类型及结构体变量的定义和使用。
2．掌握结构体数组及结构体指针的定义和应用。

二、实验内容(均要求给出运行结果)

1．程序改错题
(1) 下面是一段有关结构体变量传递的程序。请改正程序中的错误。

```
#include <stdio.h>
struct student
{ int x;
  char c;
}a;
f(struct student b)
{ b.x=20;
  /**********FOUND**********/
  b.c=y;
  printf("%d,%c\n",b.x,b.c);
}
void main()
{ a.x=3;
  /**********FOUND**********/
  a.c='a'
  f(a);
  /**********FOUND**********/
  printf("%d,%c\n",a.x,b.c);
}
```

(2) 下列程序的功能是用 input 和 print 函数，分别实现输入和输出 5 名学生的数据记录。请改正程序中的错误。

```
#include <stdio.h>
#define N 5
struct student
{ char num[6];
  char name[8];
  int score[3];
}stu[N];
void input()
{ /**********FOUND**********/
  int i;j;
  for(i=0;i<N;i++)
  { printf("\n please input %d of %d\n",i+1,N);
    printf("num: ");
    scanf("%s",&stu[i].num);
```

```
            printf("name: ");
            scanf("%s",stu[i].name);
          /**********FOUND**********/
            for(j=0;j<N;j++)
            { printf("score %d.",j+1);
              /**********FOUND**********/
                scanf("%d",&stu[i]);
            }
            printf("\n");
        }
}
void print()
{ int i,j;
    printf("\nNo. Name Sco1 Sco2 Sco3\n");
    /**********FOUND**********/
    for(i=0;i<=N;i++)
    { printf("%-6s%-10s",stu[i].num,stu[i].name);
        for(j=0;j<3;j++)
            printf("%-8d",stu[i].score[j]);
        printf("\n");
    }
}
void main()
{ input();
  print();
}
```

2. 程序填空题

(1) 人员的记录由编号和出生年月日组成，所有人员的数据已在主函数中存入结构体数组 std 中。函数 fun 的功能是找出指定出生年份的人员，将其数据放在形参 k 所指的数组中，由主函数输出，同时由函数值返回满足指定条件的人数。请填空。

```
#include <stdio.h>
#define N 8
typedef  struct
{   int  num;
    int  year,month,day ;
}STU;
int fun(STU *std, STU *k, int  year)
{   int  i,n=0;
    for(i=0; i<N; i++)
        /***********SPACE***********/
        if( 【1】 ==year)
            /***********SPACE***********/
            k[n++]= 【2】 ;
    /***********SPACE***********/
    return ( 【3】 );
}
void main()
```

```
{ STU  std[N]={ {1,1984,2,15},{2,1983,9,21},{3,1984,9,1},{4,1983,7,15},
    {5,1985,9,28},{6,1982,11,15},{7,1982,6,22},{8,1984,8,19}};
  STU  k[N];
  int  i,n,year;
  printf("Enter a year : ");
  scanf("%d",&year);
  n=fun(std,k,year);
  if(n==0)
     printf("\nNo person was born in %d \n",year);
  else
  { printf("\nThese persons were born in %d \n",year);
     for(i=0; i<n; i++)
        printf("%d,%d-%d-%d\n",k[i].num,k[i].year,k[i].month,k[i].day);
  }
}
```

(2) 用结构体调用的方法编程。要求输入 A、B、C、D、E、F 六个元素的数值，并按从大到小的顺序输出。请填空。

```
#include <stdio.h>
#define N sizeof tbl/sizeof tbl[0]      /*取得数组有多少个元素*/
int A,B,C,D,E,F;
struct ele
{ char vn;
  /***********SPACE***********/
  int 【1】;
}tbl[]={{'A',&A},{'B',&B},{'C',&C},{'D',&D},{'E',&E},{'F',&F}},t;
void main()
{ int k,j,m;
  /***********SPACE***********/
  for(k=0;k<【2】;k++)
  { printf("Enter data for %c\n",tbl[k].vn);
     scanf("%d",tbl[k].vp);
  }
  m=N-1;
  while(m>0)
  { for(k=j=0;j<m;j++)
       /***********SPACE***********/
       if(*tbl[j].vp<【3】)
       { t=tbl[j];
          tbl[j]=tbl[j+1];
          tbl[j+1]=t;
          k=j;
       }
    /***********SPACE***********/
    【4】;
  }
  for(k=0;k<N;k++)
     printf("%c(%d)",tbl[k].vn,*tbl[k].vp);
  printf("\n");
}
```

3．程序设计题

利用结构体类型编程，定义一个包含 5 个元素的结构体数组，用于存放 5 个平面点，然后输入这些点的坐标值，并统计位于以原点为圆心、半径为 3 的圆之内的点的个数。

```
#include <stdio.h>
struct point                              //定义结构体类型 struct point
{  float x,y   };
void main()
{  /**********Program**********/




   /********* End *********/
}
```

2.15 文件程序设计

一、实验目的

1．掌握文件与文件指针的概念。

2．了解文件打开、关闭和读写等文件操作函数。

3．初步学会对文件进行基本的读写操作。

二、实验内容(均要求给出运行结果)

1．程序改错题

(1) 下列程序的功能是将若干学生的档案存放在一个文件中，并显示其内容。请改正程序中的错误。

```
#include <stdio.h>
#include <process.h>
struct student
{  int num;
   char name[10];
   int age;
};
struct student stu[3]={{001,"Li Mei",18},
                       {002,"Ji Hua",19},
                       {003,"Sun Hao",18}};
void main()
{  /**********FOUND**********/
   struct student p;
   /**********FOUND**********/
   cfile fp;
   int i;
   if((fp=fopen("stu_list","wb"))==NULL)
   {  printf("cannot open file\n");
```

```
        exit(0);
    }
    /**********FOUND**********/
    for(*p=stu;p<stu+3;p++)
        fwrite(p,sizeof(struct student),1,fp);
    fclose(fp);
    fp=fopen("stu_list","rb");
    printf(" No.    Name        age\n");
    for(i=1;i<=3;i++)
    {   fread(p,sizeof(struct student),1,fp);
        /**********FOUND**********/
        scanf("%4d %-10s %4d\n",*p.num,p->name,(*p).age);
    }
    fclose(fp);
}
```

(2) 下列程序的功能是将输入的 10 个一位整数写入一个文本文件中，然后将文件中的第一个和最后一个整数显示在屏幕上。请改正程序中的错误。

```
#include "stdio.h"
#include "stdlib.h"
void main()
{   short int x[10],i,a,b;
    FILE *fp;
    for(i=0; i<10; i++)
        scanf("%d", &x[i]);
    /**********FOUND**********/
    fp=fopen("f2.txt","r");
    if(fp==NULL)
    {   printf("Open error.\n");
        exit(0);
    }
    for(i=0; i<10; i++)
        fprintf(fp, "%d,",x[i]);
    fclose(fp);
    fp=fopen("f2.txt","r");
    fscanf(fp,"%d,",&a);
    /**********FOUND**********/
    fseek(fp,16,SEEK_SET);
    /**********FOUND**********/
    fscanf("%d",&b,fp);
    printf("%d,%d\n",a,b);
    fclose(fp);
}
```

2．程序填空题

(1) 下列程序的功能是从键盘输入一个字符串，将小写字母全部转换成大写字母，然后输出到一个名为 test 的磁盘文件中保存。输入的字符串以"!"结束。请填空。

```
#include <stdio.h>
```

```
#include <stdlib.h>
#include <string.h>
void main()
{   FILE *fp;
    char str[100];
    int i=0;
    if((fp=fopen("test","w"))==NULL)
    {   printf("cannot open the file\n");
        exit(0);
    }
    printf("please input a string:\n");
    gets(str);
    /**********SPACE***********/
    while(【1】)
    {   if(str[i]>='a'&&str[i]<='z')
        /**********SPACE***********/
            【2】;
        fputc(str[i],fp);
        i++;
    }
    fclose(fp);
    /**********SPACE***********/
    fp=fopen("test",【3】);
    fgets(str,strlen(str)+1,fp);
    printf("%s\n",str);
    fclose(fp);
}
```

(2) 有 5 名学生，每名学生有 3 门课的成绩，从键盘输入数据(包括学号、姓名、3 门课的成绩)，计算出平均成绩，假设原有的数据和计算出的平均成绩存放在名为 stud 的磁盘文件中。请填空。

```
#include <stdio.h>
struct student
{   char num[6];
    char name[8];
    int score[3];
    double avr;
}stu[5];
void main()
{   int i,j,sum;
    FILE *fp;
    /*input*/
    for(i=0;i<5;i++)
    {   printf("\n please input No. %d score:\n",i);
        printf("stuNo:");
        scanf("%s",stu[i].num);
        printf("name:");
        scanf("%s",stu[i].name);
```

```
            sum=0;
            /**********SPACE**********/
            for(j=0;【1】;j++)
            {   printf("score %d.",j+1);
                scanf("%d",&stu[i].score[j]);
                /**********SPACE**********/
                sum+=stu[i].【2】;
            }
            stu[i].avr=sum/3.0;
    }
    fp=fopen("stud","w");
    /**********SPACE**********/
    for(i=0;i<5;【3】)
        /**********SPACE**********/
        if(fwrite(&stu[i],sizeof(【4】),1,fp)!=1)
            printf("file write error\n");
    fclose(fp);
}
```

3．程序设计题

设文件 number.dat 中存放了一组整数，编程计算并输出文件中正整数之和、负整数之和。

2.16　综合程序设计(大作业)

一、实验目的

1．初步掌握综合运用所学知识的能力和方法。

2．了解大型程序开发的流程、环境和基本方法。

二、实验内容(均要求给出运行结果)

(1) 编写一个函数，模拟 ATM 取款机界面。

(2) 编写程序，将文件"d:\file.txt"中的每行字符逆序显示在屏幕上，空行保留原样。(设每行字符不超过 80 个。)

(3) 自定义一个函数，该函数能在字符串 s 中找出所有子字符串 t，并用下划线替代之。例如，字符串 s 为 abcdebcdbdhibcde，子字符串 t 为 bcd，则输出 a_e_bdhi_e。

(4) 编写一个创建链表的函数，该链表的每个节点包含一个整数值，再编写一个能够删除链表中包含素数的节点的函数。

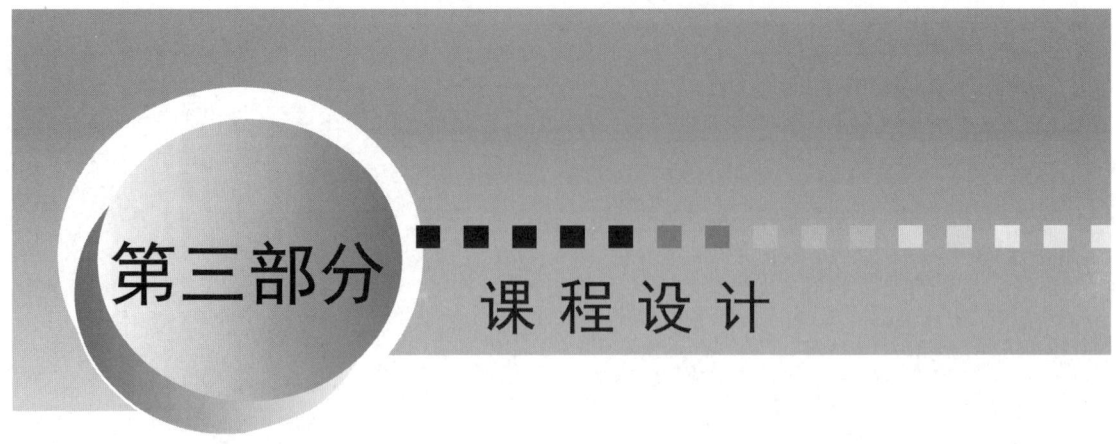

第三部分 课程设计

3.1 概　　述

　　课程设计是对学生的一种全面综合训练，要求学生在教师的指导下，着眼于将原理与应用相结合，利用本课程所学到的知识和技术，解决一些不太复杂却具有综合性的问题。从规模上来说，平时的作业和实验具有明显的针对性，而 C 语言课程设计是软件设计的综合训练，包括对实际问题的分析、总体结构的设计、用户界面的设计、基本功能的实现等。

　　通过课程设计的训练，可使学生对高级语言程序设计课程的知识体系有较深入的理解，在运用本课程所学知识解决实际问题方面得到锻炼，对后续计算机课程的学习起到启发和指导作用，同时为毕业设计以及将来的程序设计工作打下坚实的基础。

3.2 总 体 要 求

　　1. 系统分析与设计

　　在了解用户需求、明确系统目标、掌握数据流程的基础上，提出系统的结构方案和逻辑模型，并将其转化为物理模型。要求设计思想严谨、正确，能完成预定的功能，符合指定的要求。

　　2. 详细设计与编码

　　采用模块化的结构设计方法，将物理模型按功能逐步分解为若干模块，并对每个模块进行详细的算法设计。要求结构清晰、设计简练、界面合理、使用方便，并具有较好的通用性和可维护性。

　　3. 上机测试和调试

　　通过上机测试发现程序中的错误，通过上机调试改正发现的错误。要求根据实例测试程序，找出软件中潜在的错误和缺陷。

4. 课程设计报告

课程设计报告通常包括以下内容。
(1) 设计题目、要求、所用的软件环境和技术。
(2) 设计思想及简要说明。
(3) 模块构成、流程图、调用关系表(图)。
(4) 使用说明(包括所用文件名、文件清单、输入格式要求等)。
(5) 测试与思考(包括设计和测试中遇到的问题是如何解决的、改进的想法、经验及体会)。
(6) 程序清单。

3.3　课程设计样例——学生成绩统计

一、课程设计目的

1. 掌握利用 C 语言进行程序设计的思想和方法。
2. 理解结构化程序设计的基本原理。
3. 学会调试一个较长程序的基本方法。
4. 掌握程序设计文档的书写。

二、课程设计要求

1. 利用结构体数组实现学生成绩的数据结构设计。
2. 系统的各功能模块要求用函数实现。
3. 使用文件完成数据的读写操作。
4. 完成设计任务并书写课程设计报告。

三、系统分析

1. 系统需求

(1) 用结构体保存学生的学号、姓名、多门课程成绩等相关信息,调用函数进行信息输入。
(2) 通过菜单选择实现对学生平均成绩和最高分的统计输出。
(3) 输出全部学生的信息。
(4) 将输入的学生成绩保存到文件中。
(5) 退出系统。

2. 总体设计

系统分为如下模块(或函数)。
(1) 学生成绩录入：void inputstud(struct student *stud)。
(2) 学生成绩统计：void countstud(struct student *stud)。

(3) 学生成绩输出：void printstud(struct student *stud)。

(4) 学生成绩保存：void savestud(struct student *stud)。

(5) 退出系统：exit()。

四、详细设计

1. 界面设计

主界面设计如下。

```
              学生成绩统计

           1：成绩录入
           2：成绩统计
           3：成绩输出
           4：成绩保存
           5：退出

       请按序号(1~5)选择：
```

2. 数据结构

```
struct student
{   char num[6];
    char name[10];
    int score[4];
    float avr;
}stud[100];
```

3. 程序代码

```
#include "stdio.h"
#include "stdlib.h"
#include "string.h"
void inputstud(struct student *stud);
void countstud(struct student *stud);
void printstud(struct student *stud);
void savestud(struct student *stud);
struct student
{   char num[6];
    char name[10];
    int score[4];
    float avr;
}stud[100];
int n=0;            /*学生数*/
void main()
```

```
{  int x;
   while(1)
   {  system("cls");
      printf("\n");
      printf("\t\t学生成绩统计\n");
      printf("\n");
      printf("\t1: 成绩录入\n");
      printf("\t2: 成绩统计\n");
      printf("\t3: 成绩输出\n");
      printf("\t4: 成绩保存\n");
      printf("\t5: 退出\n");
      printf("\n");
      printf("\t请按序号(1～5)选择: ");
      scanf("%d",&x);
      switch(x)
      {  case 1:inputstud(stud);break;
         case 2:countstud(stud);break;
         case 3:printstud(stud);break;
         case 4:savestud(stud);break;
         default:exit(0);
      }
   }
}
void inputstud(struct student *stud)    /*数据输入*/
{  int i;
   char ch;
   system("cls");
   while(1)
   {  printf("请输入学号: ");
      scanf("%s",stud[n].num);
      printf("请输入姓名: ");
      scanf("%s",stud[n].name);
      printf("请输入4科学生成绩: ");
      for(i=0;i<4;i++)
         scanf("%d",&stud[n].score[i]);
      printf("是否继续输入数据(y/n): ");
      ch=getchar();
      ch=getchar();
      if(ch=='n'||ch=='N') break;
      n++;
   }
   printf("\n\t数据输入完毕!\n");
}
void countstud(struct student *stud)
{  int i,j,max,maxi,sum;
   float average=0;
   max=maxi=0;
   for(i=0;i<=n;i++)
   {  sum=0;
```

```
            for(j=0;j<4;j++) sum+=stud[i].score[j];
            stud[i].avr=sum/4.0;
            average+=stud[i].avr;
            if(sum>max)max=sum,maxi=i;
        }
    average/=++n;
    printf("%d 名学生的总平均成绩是:%f\n",n,average);
    printf("最高分:%d,学号:%s,姓名:%s\n",max,stud[maxi].num,stud[maxi].name);
    printf("请按任意数字键返回主菜单");
    scanf("%d",&i);
}
void printstud(struct student *stud)
{   int i,j;
    system("cls");
    printf("以下是所有学生信息\n");
    for(i=0;i<n;i++)
    {   printf("%10s%16s",stud[i].num,stud[i].name);
        for(j=0;j<4;j++)
            printf("%7d",stud[i].score[j]);
        printf("%8.2f\n",stud[i].avr);
    }
    printf("请按任意数字键返回主菜单");
    scanf("%d",&i);
}
void savestud(struct student *stud)
{   int i;
    FILE *fp;
    fp=fopen("d:\\student.dat","w");
    for(i=0;i<n;i++)
        if(fwrite(&stud[i],sizeof(struct student),1,fp)!=1)
            printf("不能保存文件!\n");
    fclose(fp);
    printf("文件保存完毕!\n");
    printf("请按任意数字键返回主菜单");
    scanf("%d",&i);
}
```

五、测试运行结果(略)

六、课程设计总结(略)

3.4 课程设计题目

对学过一门程序设计语言的学生来说,用于综合训练的题目很多,其中有些题目的程序量很大,难度一般;而有些题目的程序量虽不大,但难度较大,需要深入地分析题目、理解题意,才能选择正确的求解方法。为了使学生的编程能力有所提高,本书将课程设计题目分为三类：数据结构类、绘图类、管理类。

(1) 数据结构类题目要求学生利用课堂所学知识，选择合适的数据结构和设计合理的求解方法，掌握具有一定规模和复杂程序的设计方法、迭代技术、递归技术等。

(2) 绘图类题目分成平面绘图和动画两种，为那些有兴趣、有能力的学生提供了自学的方向，能够启发并指导学生养成良好的学习习惯和编程习惯。

(3) 管理类题目结合实际应用，旨在提高学生分析问题、解决问题、编程实践、自主创新和团队合作能力。其中部分管理类题目没有给出基本数据和具体要求，希望学生自行调研、分析，并完成设计。

一、数据结构类题目

1. 迭代类

(1) 用梯形法或辛普森法求解定积分的值。

题目详述

求一个函数 $f(x)$ 在 $[a,b]$ 上的定积分，其几何意义是求 $f(x)$ 曲线和直线 $x=a$，$y=0$，$x=b$ 所围成的曲边梯形面积。为了近似求出此面积，可将 $[a,b]$ 区间分成若干个小区间，每个区间的宽度为 $(b-a)/n$，n 为区间个数。近似求出每个小的曲边梯形面积，然后将 n 个小的曲边梯形面积加起来，就近似得到总的面积，即定积分的近似值。当 n 越大(即区间分得越小)，近似程度越高。

算法分析

数值积分常用的算法有以下两种。

① 梯形法：用小梯形代替小曲边梯形。

② 辛普森法：在小区间范围内，用一条抛物线代替该区间的 $f(x)$，将 $[a,b]$ 区间分成 $2n$ 个小区间。

(2) 二分法求解非线性方程的根。

题目详述

用二分法求解非线性方程 $f(x)=0$ 在指定区间 $[a,b]$ 内的实根的功能。

算法分析

从端点 $x_0=a$ 开始，以 h 为步长，逐步往后进行搜索。对于每一个子区间 $[x_i,x_i+h]$，如果 $f(x_i)=0$，那么 x_i 为一个实根，并且从 $x_i+h/2$ 开始往后搜索。如果 $f(x_i+1)=0$，那么 x_i+1 为一个实根，并且从 $x_i+1+h/2$ 开始往后搜索。如果 $f(x_i)f(x_i+1)>0$，那么说明当前子区间内无实根，从 x_i+1 开始往后搜索。如果 $f(x_i)f(x_i+1)<0$，则说明当前子区间内有实根，这时要反复将子区间减半，直到发现一个实根，或者子区间长度划分到了小于预先给定的精度。

2. 递归搜索类

(1) 迷宫问题。

题目详述

迷宫用二维数组表示即可，其中 0 表示通路，1 表示不通，如图 3.1 所示。如果有通路，要求找到至少一条从入口到出口的简单路径。

C 语言程序设计实验教程(第 2 版)

入口→	0	0	1	1	0	1	→
	1	0	1	1	0	1	0
	0	1	0	0	1	0	0	1
	0	0	1	1	0	1	0
	0	1	0	0	0	1	1	0
	0	1	1	1	1	0	1
	0	0	1	1	1	0	1	1
Y| 1	1	0	0	0	0	0	0

图 3.1 迷宫图例

算法分析

求解迷宫问题的简单方法是，从入口出发，沿某一方向进行搜索，若能走通，则继续向前走；否则沿原路返回，换一个方向再进行搜索，直到所有可能的通路都搜索到。

(2) 八皇后问题。

题目详解

八皇后问题是指求解如何在国际象棋棋盘上无冲突地放置八个皇后棋子。因为在国际象棋里，皇后棋子可向横向、竖向及斜线方向移动，所以在任意一个皇后棋子所在位置的水平、竖直和斜 45°线上都不能有其他皇后棋子的存在。一个完整无冲突的八皇后棋子分布称为八皇后问题的一个解，如图 3.2 所示。

图 3.2 八皇后图例

算法分析

八皇后问题可用回溯法逐次试探解决。调用函数在棋盘第一行第一列上放置棋子开始向下一行递归。每一步递归中，首先检测待放位置有没有冲突出现。如果没有冲突就放下棋子并进入下一层递归，否则检测该行的下一个位置。如果一行中都没有可以放置的位置，就退回上一层递归。最后如果本次放置成功，并且递归调用深度为 7，就输出结果。

(3) 汉诺塔问题。

题目详解

汉诺塔问题是根据一个传说形成的，如图 3.3 所示。有 A、B、C 三根杆子。A 杆上有 N 个(N>1)穿孔圆盘，盘的尺寸由下到上依次变小。要求按下列规则将所有圆盘移至 C 杆：

可将圆盘临时置于 B 杆，也可将从 A 杆移出的圆盘重新移回 A 杆。问：如何移？最少要移动多少次？

图 3.3　汉诺塔图例

算法分析

求解汉诺塔问题可分解为 3 个步骤：第一，把 A 杆上的 N-1 个圆盘通过 C 杆移动到 B 杆；第二，把 A 杆上的最下面的圆盘移动到 C 杆；第三，因为 N-1 个圆盘全在 B 杆上，所以把 B 杆当作 A 杆。重复以上步骤。

3. 指针与链表类

(1) 约瑟夫环问题。

题目详解

n 个小孩围成一圈，从第一个人开始报数，报到 k 的人退出圈子，下面的人继续从 1 开始报数……直到圈里空无一人。

算法分析

这是一个典型的单循环链表问题。先建立链表，接着从第一个节点开始计数，将第 k 个节点删除，然后从下一个节点开始计数，将第 k 个节点删除，依此类推，直到链表为空。

(2) 一元多项式求和。

题目详解

把任意给定的两个一元多项式 $P(x)$、$Q(x)$ 输入计算机，计算它们的和并输出计算结果。

算法分析

用单链表存储多项式的结构，每个节点存储一项的系数和指数，所以链表的节点结构应该含有 3 个成员：系数、指数和后继的指针。先比较，再求和。

(3) 建立单向链表，实现增、删、改、查等操作。

(4) 建立双向链表，实现增、删、改、查等操作。

(5) 哈夫曼编码问题。

题目详解

哈夫曼编码是根据字符出现的频率对数据进行编码和解码，以便于对文件进行压缩的一种方法，目前大部分有效的压缩算法(如 MP3 编码方法)都是基于哈夫曼编码的。

算法分析

首先，定义哈夫曼树叶子节点的结构以及存放哈夫曼编码的结构体，然后进行叶子节点初始化，最后构造哈夫曼树。哈夫曼树构造方法如图 3.4 所示。

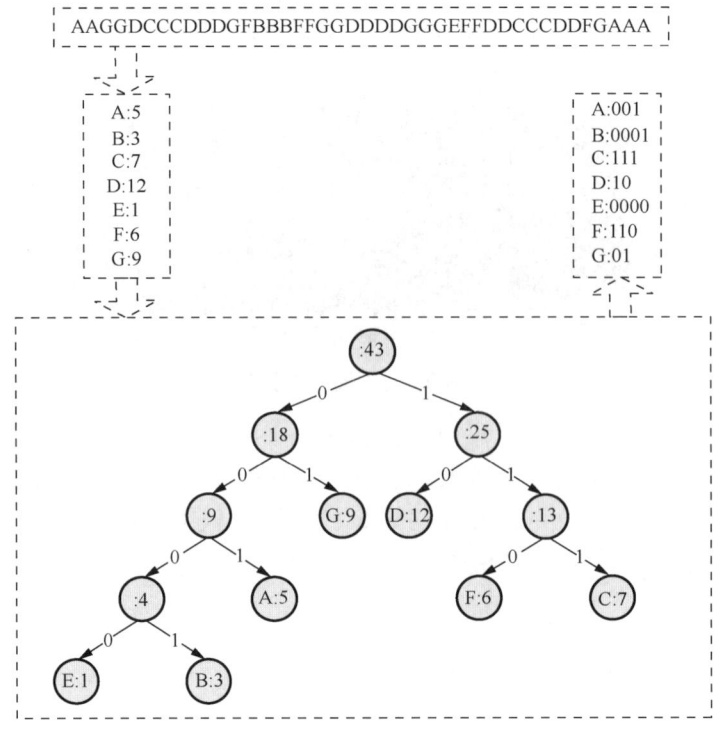

图 3.4 哈夫曼树构造方法

二、绘图类题目

1. 平面图形类

(1) 芒德布罗集的绘制。

题目详解

芒德布罗集(Mandelbrot set)是一种在复平面上组成分形的点的集合,以数学家本华·芒德布罗的名字命名,使用复二次多项式 $Z_{n+1} = Z_n^2 + c$ 来进行迭代,如图 3.5 所示。

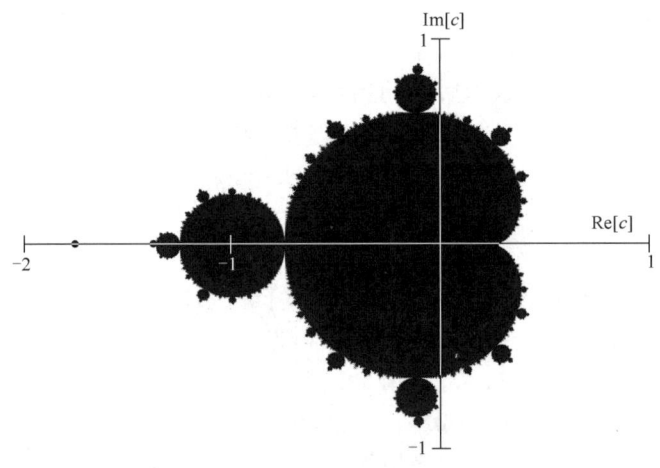

图 3.5 芒德布罗集

(2) 谢尔宾斯基三角形的绘制。
题目详解
谢尔宾斯基三角形(Sierpinski triangle)是一种分形，由波兰数学家谢尔宾斯基在 1915 年提出，如图 3.6 所示。它是自相似集的例子。谢尔宾斯基三角形的豪斯多夫维数是 log3/log2 ≈ 1.585。

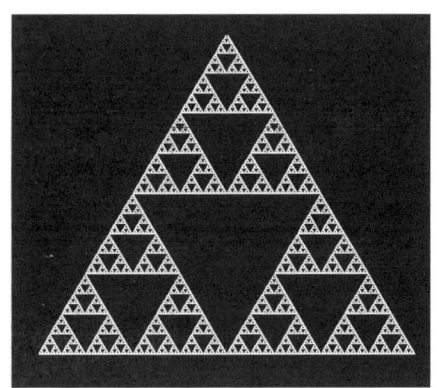

图 3.6 谢尔宾斯基三角形

(3) 希尔伯特曲线的绘制。
题目详解
希尔伯特曲线(Hilbert curve)是一种能填充满一个平面正方形的分形曲线(空间填充曲线)，如图 3.7 所示。由德国数学家戴维·希尔伯特在 1891 年提出。由于它能填满平面，因此它的豪斯多夫维数是 2。取它填充的正方形的边长为 1，第 n 步的希尔伯特曲线的长度是 $2^n - 2^{-n}$。

图 3.7 希尔伯特曲线

2. 动画类

(1) 运行时钟的动画。
题目详解
实现一个时钟的绘制。在图形输出窗口中输出一个简易的时钟，如图 3.8 所示。

图 3.8 简易时钟图例

(2) 模拟弹球的动画。
题目详解
小球从空中落下,弹起,再落下,弹起幅度越来越小,直至停下。
(3) 运动小车的动画。
题目详解
模拟小车,从左至右或从右至左运动,可以加速、匀速或减速。
(4) 火箭发射的动画。
题目详解
模拟火箭从下至上飞行,到空中停止。
(5) 卫星环绕地球的动画。
题目详解
地球的轨道是椭圆形的,卫星沿地球轨道围绕地球匀速运动,如图3.9所示。

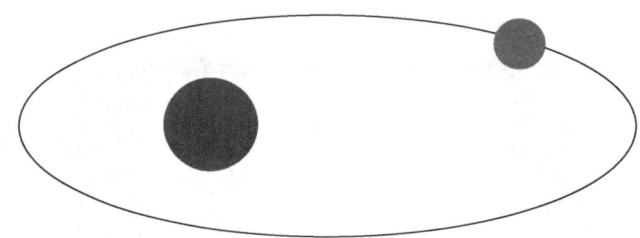

图 3.9 卫星环绕地球图例

(6) 绘制满天星的动画。
题目详解
绘制一个充满星星的夜空。星空绘制程序中,可使用结构体数组实现对星星数据的保存。星星可用画点函数画出的白色的点表示,并使用随机函数随机产生星星,对结构体中保存的星星进行移动。
(7) 填充图形的动画。
题目详解
绘制一个形状(圆形、椭圆形、矩形都可以),用线条动态地填充其内部,可以从中心填充,也可从某一边填充,如图3.10所示。

第三部分　课程设计

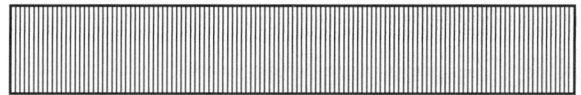

图 3.10　填充图形图例

三、管理类题目

1. 学生信息管理系统

(1) 学生基本信息包括学号、姓名、性别、出生日期、身份证号(18 位整数)、家庭住址、邮政编码、政治面貌、民族、所在学院、班级编号等。

(2) 通过菜单选择实现数据的录入、修改、插入、删除、查询、统计、保存、打印等功能。

(3) 使用文件完成数据的存取,要求每次运行某个功能模块时,将数据读入结构体中,并给用户提供保存选项,可以将结构体中的数据保存在文件中。

2. 教务信息管理系统

(1) 学生基本信息包括学号、姓名、班级等。学生选课信息包括课程编号、课程名称、平时成绩、期末成绩、总评成绩、学分、重修否等。

(2) 通过菜单选择实现数据的录入、修改、插入、删除、查询、统计等功能。

(3) 统计模块包括以下功能。

① 统计每个学生各门课程的平均成绩,并按此成绩从高到低排序输出每个学生的各门课程成绩。

② 统计并输出各门课程的平均成绩和总平均成绩。

③ 统计并输出每个学生已修学分。

④ 统计并输出不及格学生清单(学号、姓名、不及格的课程和成绩)。

3. 图书信息管理系统

(1) 图书基本信息包括分类号、图书编号、书名、作者、出版日期、ISBN、定价、馆藏数、借阅数等。

(2) 通过菜单选择实现数据的录入、修改、插入、删除、查询和统计等功能。

(3) 统计模块包括以下功能。

① 统计馆藏书籍总数、已借出书籍总数、在馆书籍总数。

② 统计馆藏书籍总金额、馆藏书籍的平均价格。

4. 书店销售管理系统

(1) 图书信息包括书名、书号、编号、出版社、作者、定价、库存量、出版日期等。

(2) 通过菜单选择实现数据的录入、修改、删除、查询和统计等功能。

(3) 统计模块包括库存统计和销售情况统计。

5. 学生公寓管理系统

(1) 公寓信息包括房间号、面积、楼层数、基本设施、价格、应住人数、实住人数等。

学生信息包括学号、姓名、所在学院、年级、入住日期、离开日期、房间号等。

(2) 通过菜单选择实现以下功能。

① 入住：将入住学生相关信息添加到上述信息库中。

② 查询：可查询房源信息和入住学生信息。

③ 修改：对公寓信息和学生信息进行修改。

④ 统计：公寓入住情况统计。

6. 房屋中介管理系统

(1) 房屋信息包括房屋编号、租买情况(出租、求租、出售、求购)、房主姓名、房屋地址、价格、是否交易等。

(2) 通过菜单选择实现数据的录入、修改、插入、删除、查询和统计等功能。

(3) 统计模块包括房屋信息统计和交易情况统计。

7. 社团信息管理系统

(1) 社团信息包括社团名称、活动地点、社团负责人、指导教师等(可自行增加)。

(2) 社团成员入会管理。

(3) 社团成员退会管理。

(4) 各社团成员查询、统计。

(5) 各成员加入社团情况。

(6) 社团信息的查询(查询自定)。

(7) 可自定义扩充功能。

8. 学生注册管理系统

(1) 学生注册信息包括学号、姓名、性别、系别、专业、出生日期等。

(2) 能对学生注册信息进行查询、修改、增加、删除、存储等操作。

(3) 要求实现字符菜单和密码认证。

9. 校际运动会管理系统

(1) 初始化输入：N——参赛学校总数，M——男子竞赛项目数，W——女子竞赛项目数。

(2) 各项目名次取法：取前 5 名，第 1 名得分 7，第 2 名得分 5，第 3 名得分 3，第 4 名得分 2，第 5 名得分 1。

(3) 由程序提醒用户填写比赛结果，输入各项目获奖运动员的信息。

(4) 所有信息记录完毕后，用户可以查询各个学校的比赛成绩，生成团体总分报表，查看参赛学校信息和比赛项目信息等。

(5) 要求实现字符菜单和密码认证。

10. 通讯录管理系统

(1) 通讯录中的信息至少包括姓名、地址、手机、邮编、E-mail 等。

(2) 可对通讯录进行以下操作。

① 向通讯录中添加信息。

② 在通讯录中按姓名查找个人信息。

③ 删除通讯录中的个人信息。

④ 按不同数据项排序后列表输出通讯录中所有人的信息。

⑤ 可以限制通讯录中记录的数量。

(3) 在通讯录中增加将数据写入文本文件和从文件读入通讯录的功能，文件名由用户输入。程序的主界面如下。

通讯录

1. 添加

2. 查询

3. 删除

4. 排序

5. 全部输出

0. 退出

11. 职工信息管理系统设计

(1) 职工信息包括职工号、姓名、性别、年龄、学历、工资、住址、电话等。(要求：职工号不重复。)

(2) 该系统提供以下功能。

① 提供菜单选择界面。

② 职工信息录入功能(职工信息用文件保存)。

③ 职工信息浏览功能。

④ 查询和排序功能，如按工资查询或按学历查询等(至少实现一种查询方式)。

⑤ 职工信息删除、修改功能。

12. 学生成绩管理系统

(1) 能按学期、班级完成对学生成绩的录入、修改。

(2) 能按班级统计学生的成绩，计算学生的总分及平均分，并能根据学生的平均成绩进行排序。

(3) 能查询学生成绩，给出不及格科目及学生名单。

(4) 能按班级输出学生的成绩单。

13. 车票管理系统

一车站每天有 n 个发车班次，每个班次都有一个班次号($1 \sim n$)，有固定的发车时间、固定的路线(起点站、终点站)、大致的行车时间、额定载客人数等。例如：

班次	发车时间	起点站	终点站	行车时间	额定载客人数	已订票人数
1	8:00	长春	吉林	2	45	30
2	6:30	长春	北京	8	40	40
3	7:00	长春	松原	2.5	40	20
4	10:00	长春	四平	2	40	2

……

功能要求如下。

(1) 录入班次信息(信息用文件保存),可不定时地增加班次数据。

(2) 浏览班次信息,可显示所有班次当前状况(如果当前系统时间超过了某班次的发车时间,则显示"此班已发出"提示信息)。

(3) 可按班次号、终点站查询路线。

(4) 售票和退票功能。

① 当查询出已订票人数小于额定载客人数且当前系统时间小于发车时间时才能售票,自动更新已售票人数。

② 退票时,输入退票的班次,当本班车未发出时才能退票,自动更新已售票人数。

14. 单项选择题标准化考试系统

(1) 用文件保存试题库(每个试题包括题干、4个备选答案、标准答案)。

(2) 试题录入:可随时增加试题到试题库中。

(3) 试题抽取:每次从试题库中可以随机抽出 N 道题(N 由键盘输入)。

(4) 答题:用户可输入自己的答案。

(5) 自动判卷:系统可根据用户答案与标准答案的对比实现判卷并给出成绩。

15. 其他自选信息管理系统(自定义相应的数据及功能)

① 综合测评管理系统。

② 校长办公室管理系统。

③ 房地产信息管理系统。

④ 酒店管理系统。

⑤ 飞机进出港信息管理系统。

⑥ 固定资产管理系统。

⑦ 教学计划管理系统。

⑧ 户籍管理系统。

⑨ 超市管理系统。

⑩ 人才信息管理系统。

⑪ 教材管理系统。

⑫ 列车售票系统。

⑬ 工程成本核算系统。

⑭ 员工考核评价系统。

⑮ 股票信息系统。

⑯ 餐厅信息管理系统。

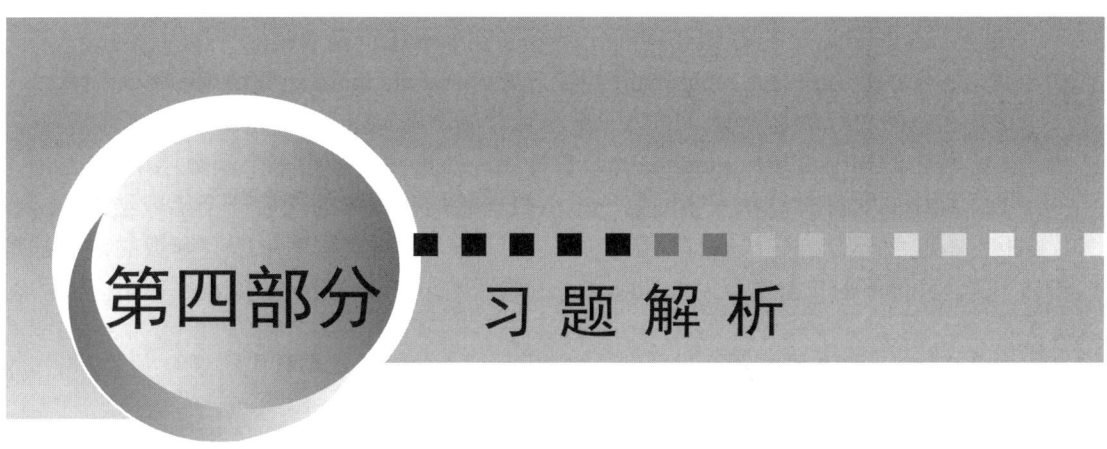

第四部分 习题解析

4.1 C语言概述

一、选择题

1. 一个C语言的源程序中，(   )。
   A．可以有多个主函数   B．必须有一个主函数
   C．必须有主函数和其他函数   D．可以没有主函数

解析 本题考查的是主函数在C语言程序中的作用。一个C语言程序中必须有且仅有一个主函数，其他函数可有可无。因此，答案为B。

2. 下列选项中叙述正确的是 (   )。
   A．C语言程序每一行只能写一条语句
   B．void main 函数必须在程序的第一行
   C．C语言程序可以由一个或多个函数组成
   D．在编译时可以发现注释中的拼写错误

解析 C语言程序书写格式自由，一条语句可以写在多行上，一行也可以写多条语句，所以选项A不对。void main 函数可以放在任意位置，所以选项B不对。编译C语言程序时会忽略注释，不对它们作任何处理，所以选项D不对。因此，答案为C。

3. 下列选项中叙述错误的是(   )。
   A．计算机不能直接执行用C语言编写的源程序
   B．C语言程序编译后，生成扩展名为.obj 的文件是一个二进制文件
   C．扩展名为.obj 的文件，经连接生成扩展名为.exe 的文件是一个二进制文件
   D．扩展名为.obj 和.exe 的二进制文件都可以直接运行

解析 本题考查的是C语言程序从编写到生成可执行文件的步骤问题。C语言程序编写的源程序(.c)经编译后生成扩展名为.obj 的二进制文件，再经过连接后生成扩展名为.exe 的二进制文件，最终执行的是扩展名为.exe 的二进制文件。因此，答案为D。

4. 对于一个正常运行的 C 语言程序，下列选项中叙述正确的是(　　)。
   A．程序的执行总是从 void main 函数开始，在 void main 函数结束
   B．程序的执行总是从程序的第一个函数开始，在 void main 函数结束
   C．程序的执行总是从 void main 函数开始，在程序的最后一个函数结束
   D．程序的执行总是从程序的第一个函数开始，在程序的最后一个函数结束

解析　本题考查的是 C 语言程序的执行过程问题。C 语言程序中所有函数的地位都是一样的，C 语言程序的执行总是从 void main 函数开始，在 void main 函数结束。因此，答案为 A。

5. 下列选项中叙述正确的是(　　)。
   A．C 语言程序的基本组成单位是语句
   B．C 语言程序中的每一行只能写一条语句
   C．C 语言语句必须以分号结束
   D．C 语言语句必须在一行内完成

解析　本题考查的是 C 语言程序的基本概念。函数是 C 语言程序的基本组成单位，所以选项 A 错误。C 语言程序书写格式自由，一行内可以写多条语句，一条语句可以多行书写，所以选项 B、D 错误。分号是 C 语言语句结束的标志，任何一条语句都必须以分号结束。因此，答案为 C。

二、编程题

1. 请参照本章例题，编写一个 C 语言程序，用于显示以下信息。

```
**********
hello!
**********
```

解

```
#include <stdio.h>              /*头文件*/
void main()                     /*主函数*/
{                               /*主函数起始*/
    printf("**********\n");     /*输出函数*/
    printf("hello!\n");         /*输出函数*/
    printf("**********\n");     /*输出函数*/
}                               /*主函数结束*/
```

2. 请参照本章例题，编写一个 C 语言程序，输出两个数中的最大数。
解

```
#include <stdio.h>              /*头文件*/
void main()                     /*主函数*/
{                               /*主函数起始*/
    int a,b;                    /*定义整型变量a和b*/
    a=3;                        /*给变量a赋值3*/
    b=5;                        /*给变量b赋值5*/
```

```
        if(a>b)  printf("%d",a);     /*条件判断语句,条件 a>b 成立则输出变量 a 的值*/
        else printf("%d",b);         /*不成立则输出变量 b 的值*/
                                     /*主函数结束*/
    }
```

4.2 数据类型、运算符与表达式

一、选择题

1．下列选项中，合法的一组 C 语言用户标识符是(　　)。

　　A．and　　　　　B．Date　　　　　C．Hi　　　　　D．case
　　　_2007　　　　　y-m-d　　　　　　Dr.Tom　　　　　Big1

解析　本题考查的是标识符问题。C 语言中标识符的命名规则是由字母、数字、下划线组成，且只能以字母、下划线开头，并且不能使用 C 语言的关键字。选项 B 中出现非法字符"-"；选项 C 中出现非法字符"."；选项 D 中有 C 语言的关键字 case。因此，答案为 A。

2．在 C 语言中，要求运算量必须是整型的运算符是 (　　)。

　　A．%　　　　　　B．/　　　　　　　C．<　　　　　　D．!

解析　本题考查的是运算符的应用。"%"为取余运算符，对左右两侧运算量进行取余运算，要求左右两侧运算量必须为整型数据。"/"为除法运算符，若左右两侧运算量都为整数，则进行取整运算，否则为除法运算。"<"为关系运算符，"!"为逻辑运算符，左右两侧运算量均不要求为整数。因此，答案为 A。

3．下列选项中，合法的一组 C 语言数值常量是(　　)。

　　A．028　　　　　B．12.　　　　　　C．.177　　　　　D．0x8A
　　　.5e-3　　　　　0xa23　　　　　　4e1.5　　　　　　10,000
　　　-0xf　　　　　　4.5e0　　　　　　0abc　　　　　　　3.e5

解析　本题考查的是数值常量问题。C 语言中以 0 开头的数值为八进制数，八进制数由 0～7 组成，因此 028 非法，选项 A 错误。以 0x 开头的数值为十六进制数，十六进制数由 0～9 及 A～F 组成。实型数有小数记数法和科学记数法两种形式，科学记数法要求 e 前有数字，e 后为整数，因此 4e1.5 非法，选项 C 错误。选项 D 中 10,000 非法。因此，答案为 B。

4．设有定义：int k=0;，下列选项的 4 个表达式中与其他 3 个表达式的值不相同的是(　　)。

　　A．k++　　　　　B．k+=1　　　　　C．++k　　　　　D．k+1

解析　本题考查的是运算符表达式问题。选项 A 中，k++表达式的值为 k 的值，即 0，运算完后 k 的值加 1；选项 B 中，k+=1 表示 k=k+1，结果为 1；选项 C 中，++k 表示先把 k 的值加 1，然后 k 的值为整个表达式的值，即结果为 1；选项 D 中，k+1 的结果为 1。因此，答案为 A。

5. 下列选项中不属于字符常量的是（　　）。

　　A. 'C'　　　　　　B. "C"　　　　　　C. '\xCC'　　　　D. '\072'

解析 本题考查的是转义字符问题。由单撇号括起来的一个字符为字符常量，所以选项 A 是字符常量。由双引号括起来的字符序列为字符串常量，所以选项 B 不是字符常量。选项 C 和 D 为十六进制和八进制的转义字符。因此，答案为 B。

6. 下列数据中，不正确的数值或字符常量是（　　）。

　　A. 8.9e1.2　　　　B. 10　　　　　　C. 0xff00　　　　D. 82.5

解析 本题考查的是字符常量、数值常量问题。选项 A 是不正确的数值常量，因为实型常量指数形式要求 e 前必须有数字，e 后必须为整数。选项 B 为整型常量，选项 C 为十六进制整型常量，选项 D 为实型常量。因此，答案为 A。

7. 下列符合 C 语言语法的赋值表达式是（　　）。

　　A. d=9+e,f=d+9　　　　　　　　B. d=9+e,f=d+9

　　C. d=9+e+=d+9　　　　　　　　D. d=9+e++=d+9

解析 本题考查的是赋值表达式问题。C 语言中只允许向变量赋值，不允许向表达式赋值，所以选项 A、C 和 D 不合法。因此，答案为 B。

8. 运算符有优先级，在 C 语言中关于运算符优先级的叙述正确的是（　　）。

　　A. 逻辑运算符高于算术运算符，算术运算符高于关系运算符

　　B. 算术运算符高于关系运算符，关系运算符高于逻辑运算符

　　C. 算术运算符高于逻辑运算符，逻辑运算符高于关系运算符

　　D. 关系运算符高于逻辑运算符，逻辑运算符高于算术运算符

解析 本题考查的是运算符的优先级问题。C 语言中运算符的优先级顺序由高到低为算术运算符、关系运算符、逻辑运算符。因此，答案为 B。

9. C 语言中的简单数据类型包括（　　）。

　　A. 整型、实型、逻辑型　　　　　　B. 整型、实型、字符型

　　C. 整型、字符型、逻辑型　　　　　D. 整型、实型、逻辑型、字符型

解析 本题考查的是数据类型问题。C 语言中的简单数据类型有整型、实型、字符型，没有逻辑型。因此，答案为 B。

10. C 语言源程序中不能表示的数制是（　　）。

　　A. 八进制　　　　　B. 十进制　　　　　C. 十六进制　　　　D. 二进制

解析 本题考查的是整型常量的 3 种表示形式。整型常量分为十进制整型常量、八进制整型常量、十六进制整型常量，唯独没有二进制整型常量，所以 C 语言源程序中不能表示二进制。因此，答案为 D。

11. 若有表达式(w)?(--x):(++y)，则其中与 w 等价的表达式是（　　）。

　　A. w==1　　　　　B. w==0　　　　　C. w!=1　　　　　D. w!=0

解析 本题考查的是逻辑表达式问题。本题中若 w 为任何非 0 数，则表达式 w 表示真。若 w 为 0，则表达式 w 表示假。因此，答案为 D。

第四部分 习题解析

12. 有以下程序段：

```
char ch; int k;
ch='a'; k=12;
printf("%c,%d,",ch,ch,k); printf("k=%d\n",k);
```

已知字符 a 的 ASCII 十进制代码为 97，则执行上述程序段后的输出结果是(　　)。

A．因变量类型与格式描述符的类型不匹配，输出无定值

B．输出项与格式描述符个数不符，输出为零值或不定值

C．a,97,12k=12

D．a,97,k=12

解析　本题考查的是 printf 函数的应用。printf 函数根据前面的格式控制符控制后面输出项的输出，一般要求前后个数一致、类型一致，且位置一一对应，若不一致则以格式控制为主。字符型数据可以转换成数值型数据，依据是转换成相应的 ASCII 码。因此，答案为 D。

13. 下列关于 long、int 和 short 类型数据占用内存大小的叙述中正确的是(Visual C++环境)(　　)。

A．均占 4 个字节

B．根据数据的大小来决定所占内存的字节数

C．由用户自己定义

D．由 C 语言编译系统决定

解析　本题考查的是不同类型数据占用内存大小的问题。C 语言中不同类型的数据占用内存空间不同，而且在不同的编译系统中数据占用的内存空间也不同。在 Visual C++环境下，long、int 占 4 个字节，short 占 2 个字节。因此，答案为 D。

14. C 语言中的标识符只能由字母、数字和下划线 3 种字符组成，且第一个字符(　　)。

A．必须为字母

B．必须为下划线

C．必须为字母或下划线

D．可以是字母、数字和下划线中任一字符

解析　本题考查的是标识符问题。C 语言中标识符的命名规则是由字母、数字、下划线组成，且只能以字母、下划线开头，并且不能使用 C 语言的关键字。因此，答案为 C。

15. 在 C 语言中，char 型数据在内存中的存储形式是(　　)。

A．补码　　　　　　B．反码　　　　　　C．原码　　　D．ASCII 码

解析　本题考查的是数据存储问题。C 语言中整型数据以补码形式进行存储，字符型数据以 ASCII 码形式进行存储。因此，答案为 D。

二、填空题

1. 设变量 a 和 b 已正确定义并赋初值，请写出与 a-=a+b 等价的赋值表达式＿＿＿＿。

解析　本题考查的是复合赋值表达式的运算。原表达式等价于 a=a-(a+b)，即 a=-b。因此，答案为 a=-b。

2. 若整型变量 a 和 b 中的值分别为 7 和 9，要求按以下格式输出 a 和 b 的值：

a=7

b=9

请完成输出语句：

```
printf("_____",a,b);
```

解析 本题考查的是数据的输出格式。printf 函数的格式为 printf(格式控制,输出项表列);，"\n"为回车换行。因此，答案为 a=%d\nb=%d\n。

3. 已知：char w; int x; float y; double z;，则表达式 w*x+z-y 的结果类型是_____。

解析 本题考查的是不同类型的数据之间的混合运算问题。char 型必须转换成 int 型，float 型必须转换成 double 型，int 型和 double 型运算时会转换成 double 型。因此，答案为 double 型。

4. 已知：int x=6;，则执行 x+=x-=x*x;语句后，x 的值为_____。

解析 本题考查的是复合赋值运算符问题。复合赋值运算符的优先级相对较低，结合性为右结合性，此式等价于 x=x+(x=(x-(x*x)))。因此，答案为-60。

5. 已知：int i=6,j;，则执行语句 j=(++i)+(i++);后的 j 值是_____。

解析 本题考查的是自增运算符问题。(++i)表示先使 i 的值增 1，i 的值和表达式(++i)的值均为 7，(i++)表示用 i 的值作为表达式的值，即 7，然后 i 的值增 1。因此，答案为 14。

6. 下列程序的功能是输出 a、b、c 三个变量中的最小值。请填空。

```
#include <stdio.h>
void main( )
{   int a,b,c,t1,t2;
    scanf("%d%d%d",&a,&b,&c);
    t1=a<b?_____ ;
    t2=c<t1?_____;
    printf("%d\n", t2 );
}
```

解析 本题考查的是条件运算符问题。条件运算符的功能是：若表达式 1 成立，则结果为表达式 2 的值，否则结果为表达式 3 的值。本题要输出 3 个变量中的最小值，先通过一个条件表达式求出两个数中的最小数，赋值给变量 t1，再通过一个条件表达式求出 t1 和第三个数中的最小数，赋值给变量 t2。因此，答案为 a:b 和 c:t1。

7. 下列程序的输出结果为_____。

```
#include <stdio.h>
void main()
{   int a=010,j=10;
    printf("%d,%d\n",++a,j--);
}
```

解析 本题考查的是自增自减运算符问题。变量 a 以 0 开头，所以为八进制数 8，++a 因为++放在前面，所以++a 的值为 9，j--因为--放在后面，所以 j--的值为 j 当前的值 10，然后 j 的值变为 11。因此，答案为 9,10。

8．若有定义：char c='\010';，则变量 c 中包含的字符个数为_____。

解析　本题考查的是转义字符问题。'\010'为转义字符，符合'\ddd'，所以字符个数为1。

三、编程题

1．编程实现输入长方形的长和宽，求长方形的面积和周长并输出，用浮点型数据处理。

解

```
#include <stdio.h>
void main()
{
    double length,width,area,perimeter;         /*定义变量*/
    printf("enter length and width");           /*提示用户输入长和宽*/
    scanf("%lf%lf",&length,&width);             /*接收用户输入的长和宽*/
    area=length*width;                          /*计算面积*/
    perimeter=2*(length+width);                 /*计算周长*/
    printf("area of rectangle is %lf\n",area);  /*输出面积*/
    printf("perimeter of rectangle is %lf\n",perimeter);   /*输出周长*/
}
```

2．编程实现从键盘输入学生的 3 门课程成绩，计算并输出其总成绩 sum，平均成绩 ave 和总成绩除 3 的余数 rem。

解

```
#include <stdio.h>
void main()
{
    double x,y,z,sum,ave,rem;                   /*定义变量*/
    printf("enter three double");               /*提示用户输入3门课程的成绩*/
    scanf("%lf%lf%lf",&x,&y,&z);                /*接收用户输入3门课程的成绩*/
    sum=x+y+z;                                  /*计算总成绩*/
    ave=sum/3;                                  /*计算平均成绩*/
    rem=sum%3;                                  /*计算余数*/
    printf("sum=%lf,ave==%lf ,rem=%lf ",sum,ave,rem);
        /*输出总成绩、平均成绩、余数*/
}
```

4.3　顺序结构程序设计

一、选择题

1．若变量已正确定义为 int 型，要通过语句 scanf("%d,%d,%d",&a,&b,&c);给 a 赋值 1，给 b 赋值 2，给 c 赋值 3，下列输入形式中错误的是(　　)。(⊔代表一个空格符)

　　A．⊔⊔⊔1,2,3<回车>

　　B．1⊔2⊔3<回车>

　　C．1,⊔⊔⊔2,⊔⊔⊔3<回车>

　　D．1,2,3<回车>

解析 本题考查的是 scanf 输入函数的格式说明问题。输入函数的输入控制(双引号之间的内容)，除%外，如果含有其他字符，则在输入数据时一定要一一对应输入这些字符。本题双引号之间含有逗号，因此在输入的多个数据之间必须输入逗号。此外，还要注意逗号不是默认的分隔符，如果双引号之间没有逗号，输入数据时就不能用逗号。因此，答案为 B。

2．若有定义语句：int a,b,c;，执行以下选项中的语句，能正确执行的语句是(　　)。

　　A．scanf("%d" ,&a,&b,&c);　　　　　　B．scanf(" %d%d%d " ,&a,&b,&c);
　　C．scanf(" %f" ,&a);　　　　　　　　　D．scanf(" %c%d " ,&a,&b);

解析 本题考查的是 scanf 输入函数的格式说明问题。输入函数的输入控制(双引号之间的内容)与后面的输入项表列要类型一致、个数一致、位置一一对应。因此，答案为 B。

3．下列程序的运行结果是(　　)，其中%u 表示按无符号整数输出。

```
#include <stdio.h>
void main()
{   unsigned int x=0xFFFF;    /* x 的初值为十六进制数 */
    printf("%u\n",x);
}
```

　　A．-1　　　　　　B．65535　　　　　　C．32767　　　　　　D．0xFFFF

解析 本题考查的是整型数据的输出问题。0xFFFF 表示十六进制整数，而且是最大的整数，以%u 格式输出表示输出无符号整数，无符号整数的范围是 0~65535。因此，答案为 B。

4．下列说法正确的是(　　)。

　　A．输入项可以为一个实型常量，如 scanf("%f",3.5);
　　B．只有格式控制，没有输入项，也能进行正确输入，如 scanf("a=%d,b=%d");
　　C．输入实型数据时，格式控制部分应规定小数点后的位数，如 scanf ("%4.2f",&f);
　　D．当输入数据时，必须指明变量的地址，如 scanf("%f",&f);

解析 本题考查的是实型数据的输入问题。C 语言规定 scanf 函数中必须有输入项，且输入项必须是变量，实型数据在输入时不必规定精度。因此，答案为 D。

5．下列 4 个程序中，完全正确的是(　　)。

　　A．#include <stdio.h>　　　　　　　　B．#include <stdio.h>
　　　void main();　　　　　　　　　　　　　void main()
　　　{/*programming*/　　　　　　　　　　　{/*/programming/*/
　　　　printf("programming!\n");}　　　　　printf("programming!\n");}

　　C．#include <stdio.h>　　　　　　　　　D．include <stdio.h>
　　　void main()　　　　　　　　　　　　　　void main()
　　　{/*/*progmmmfug*/*/　　　　　　　　　　{/*programming*/
　　　　printf("programming!\n");}　　　　　printf("programming!\n");}

解析 本题考查的是 C 语言程序结构及注释问题。选项 A 中主函数后不应有分号。选项 C 中/*遇到第一个*/注释语句就结束了,后面的*/非法。选项 D 中 include 前少#。因此,答案为 B。

6．有以下程序:

```
#include <stdio.h>
void main()
{   char c1,c2,c3,c4,c5,c6;
    scanf("%c%c%c%c",&c1,&c2,&c3,&c4);
    c5=getchar();   c6=getchar();
    putchar(c1);    putchar(c2);
    printf("%c%c\n",c5,c6);
}
```

程序运行后,若从键盘输入(从第 1 列开始):

```
123<回车>
45678<回车>
```

则输出结果是(　　)。

　　A．1267　　　　　　B．1256　　　　　　C．1278　　　　　　D．1245

解析 本题考查的是数据输入输出问题。执行语句 scanf("%c%c%c%c",&c1,&c2,&c3,&c4);,当从键盘输入 123<回车>时,c1 的值为 1,c2 的值为 2,c3 的值为 3,c4 的值为<回车>。执行 c5=getchar();和 c6=getchar();两条语句,getchar 为从键盘接收单个字符的函数,因为从键盘输入 45678<回车>,所以 c5 的值为 4,c6 的值为 5,putchar 为输出单个字符的函数。因此,答案为 D。

7．下列叙述中正确的是(　　)。

　　A．调用 printf 函数时,必须有输出项

　　B．使用 putchar 函数时,必须在之前包含头文件 stdio.h

　　C．在 C 语言中,整数可以十二进制、八进制或十六进制的形式输出

　　D．调用 getchar 函数读入字符时,可以从键盘上输入字符所对应的 ASCII 码

解析 本题考查的是数据输入输出问题。选项 A 中 printf 函数可以没有输出项。选项 C 中整数可以十进制、八进制或十六进制的形式输出,没有十二进制形式。选项 D 中因为 getchar 函数从键盘接收单个字符,所以 getchar 函数读字符时,不可以从键盘上输入字符所对应的 ASCII 码。因此,答案为 B。

8．在 C 语言库函数中,可以输出 double 型变量 x 值的函数是(　　)。

　　A．getchar　　　　B．scanf　　　　　C．putchar　　　　D．printf

解析 本题考查的是数据输入输出函数问题。C 语言库函数中,getchar 和 putchar 函数实现输入输出单个字符,scanf 和 printf 函数可以输入输出任何类型的数据。因此,答案为 D。

9．已知:int a, b;,用语句 scanf("%d%d",&a,&b);输入 a、b 的值时,不能作为输入数据分隔符的是(　　)。

　　A．,　　　　　　　B．空格　　　　　　C．回车　　　　　　D．<Tab>

解析 本题考查的是数据输入函数 scanf 的使用问题。C 语言库函数中，scanf 函数输入数据时，可以作为输入数据分隔符的是空格、回车、<Tab>。因此，答案为 A。

10. 执行语句：printf("The program\'s name is c:\\tools\book.txt");后的输出结果是(   )。
    A．The program's name is c:tools book.txt
    B．The program's name is c:\tools book.txt
    C．The program's name is c:\\tools book.txt
    D．The program's name is c:toolook.txt

解析 本题考查的是数据输出函数及转义字符问题。C 语言库函数中，printf 函数双引号中除 % 和转义字符外，其他字符原样输出。本题包含多个转义字符，包括\'、\\、\b，分别表示'、\、退格。因此，答案为 D。

11. 下列程序段的输出结果为(   )。

```
int a=7,b=9,t;
t=a*=a>b?a:b;
printf("%d",t);
```

    A．7   B．9
    C．63   D．49

解析 本题考查的是条件运算符及运算符优先级问题。t=a*=a>b?a:b 这个表达式中，赋值运算符优先级最低，所以先算 a>b?a:b，值为 9，整个表达式变为 t=a*=9。因此，答案为 C。

12. 已知 i，j，k 为 int 型变量，若从键盘输入：1,2,3<回车>，使 i 的值为 1，j 的值为 2，k 的值为 3，下列选项中正确的输入语句是(   )。
    A．scanf("%2d%2d%2d",&i,&j,&k);
    B．scanf("%d %d %d",&i,&j,&k);
    C．scanf("%d,%d,%d",&i,&j,&k);
    D．scanf("i=%d,j=%d,k=%d",&i,&j,&k);

解析 本题考查的是 scanf 输入函数的格式说明问题。输入函数的输入控制(双引号之间的内容)与后面的输入项表列要类型一致、个数一致、位置一一对应，输入多个数据时数据以","进行间隔。因此，答案为 C。

二、填空题

1. 已知：int x; float y;scanf("x= %d,y=%f",&x,&y);，为了将数据 10 和 66.6 分别赋给 x 和 y，正确的输入是_____。

解析 本题考查的是数据的输入问题。输入函数的输入控制(双引号之间的内容)，除%外，如果含有其他字符，则在输入数据时一定要一一对应输入这些字符。本题双引号之间含有 x=,y=，所以输入数据时必须输入这些字符。因此，答案为 x=10,y=66.6<回车>。

2. 执行下列程序时，输入 1234567<回车>，则输出结果是_____。

```
#include <stdio.h>
void main()
```

```
{   int a=1,b;
    scanf("%2d%2d",&a,&b);
    printf("%d    %d\n",a,b);
}
```

解析 本题考查的是输入输出问题。scanf 函数表示从终端接收输入的数据给后面的变量。本题中 scanf 函数控制后面的每个输入项占两位数字,因此 a、b 的值分别为 12、34;printf 函数根据前面的格式控制符控制后面输出项的输出。因此,答案为 12   34。

3. 若有定义:int n,i,t;,则下列程序段的输出结果是_____。

```
t=(n=i=2,++i,i++);
printf("##%d##%d",n,i);
```

解析 本题考查的是运算符优先级及输出问题。本题的关键在于语句 t=(n=i=2,++i,i++);中括号的优先级最高,因此,先算逗号表达式 n=i=2,++i,i++的值,再将其结果赋给 t,整个表达式的值为 i++的值,即 3,i 的值变为 4。因此,答案为##2##4。

4. 执行下列程序后的输出结果是_____。

```
#include <stdio.h>
void main()
{   int a=10;
    a=(3*5,a+4);
    printf("a=%d\n",a);
}
```

解析 本题考查的是运算符优先级及输出问题。先算表达式(3*5,a+4),将其结果(即 a+4 的值)赋给 a。因此,答案为 a=14。

三、编程题

1. 编程实现输入 a、b 的值,并将其和显示出来。

解

```
#include <stdio.h>
void main()
{   int a,b;
    scanf("%d%d",&a,&b);
    printf("a+b=%d\n",a+b);
}
```

2. 编程实现输入三角形三边 a、b、c 的值,计算三角形的面积。

求三角形面积的公式为 area=sqrt(s(s-a)(s-b)(s-c))。其中,s=(a+b+c)/2,sqrt(x)表示 x 的平方根。(注意:sqrt 是 C 语言的标准库函数,在使用该函数时,文件的头部需要用编译预处理命令#include 将文件 math.h 包含到源文件中。)

解

```
#include <math.h>
#include <stdio.h>
void main()
```

```
{   float a,b,c,s,area;
    scanf("%f%f%f",&a,&b,&c);
    s=0.5*(a+b+c);
    area=sqrt(s*(s-a)*(s-b)*(s-c));
    printf("area=%f\n",area);
}
```

4.4 选择结构程序设计

一、选择题

1. 执行下列程序段后，w 的值为(   )。

```
int w='A',x=14,y=15;
w=((x||y)&&(w<'a'));
```

A．-1   B．NULL   C．1   D．0

解析 本题考查的是逻辑表达式的问题。&&运算符两边都为真，表达式才为真；||运算符两边有一个为真，表达式就为真。C 语言中任何非 0 数都表示真，0 表示假，因此 x||y 的值为真，w<'a'成立，也为真。整个表达式((x||y)&&(w<'a'))的值为 1，赋值给 w。因此，答案为 C。

2. 若变量已正确定义，有以下程序段：

```
int a=3,b=5,c=7;
if(a>b) a=b; c=a;
if(c!=a) c=b;
printf("%d,%d,%d\n",a,b,c);
```

其输出结果是(   )。

A．程序段有语法错误   B．3,5,3
C．3,5,5   D．3,5,7

解析 本题考查的是 if 语句的结构问题。if(a>b)语句体中只有一条语句 a=b;，如果含有多条语句，必须用花括号括起来构成一条复合语句，因为 3>5 不成立，所以 a=b;不执行，而执行后面的语句 c=a;，执行后 c 的值变为 3，if(c!=a)条件不成立，所以不执行 c=b;。因此，答案为 B。

3. 有以下程序：

```
#include <stdio.h>
void main()
{   int x=1,y=0,a=0,b=0;
    switch(x)
    {   case 1: switch(y)
        { case 0: a++; break;
          case 1: b++; break;
        }
```

```
        case 2:    a++; b++; break;
        case 3:    a++; b++;
    }
    printf("a=%d,b=%d\n",a,b);
}
```

程序的运行结果是(   )。

  A．a=1,b=0   B．a=2,b=2   C．a=1,b=1   D．a=2,b=1

解析 本题考查的是 switch 语句结构问题。x 的值为 1，首先匹配到 case 1，执行其后的语句 switch(y){ case 0: a++; break; case 1: b++; break; }，由于 y 的值为 0，所以执行 case 0 后面的语句 a++; break;，a 的值变为 1，由于执行 break 语句，则跳出第二个 switch 结构，接着执行 case 2 后面的语句 a++; b++; break;，所以 a 的值为 2，b 的值为 1，执行 break 语句，则跳出第一个 switch 结构，最后输出结果。因此，答案为 D。

4．有以下程序：

```
#include <stdio.h>
void main()
{   int  x=1,y=2, z=3;
    if(x>y)
       if(y<z)   printf("%d",++z);
       else      printf("%d",++y);
    printf("%d\n",x++);
}
```

程序的运行结果是（   ）。

  A．331   B．41   C．2   D．1

解析 本题考查的是 if、if-else 结构及 if 的嵌套问题。本题含有一个 if 结构，属于 if 结构的语句是一个 if-else 结构，即

```
if(y<z)     printf("%d",++z);
else        printf("%d",++y);
```

首先判断 x>y 是否成立，不成立则 if(x>y)下的语句体不执行，直接执行语句体后面的语句 printf("%d\n",x++);，输出 1。本题还有一个考查点是++运算符的前置后置问题，如果题目改为++x，则输出 2。因此，答案为 D。

5．变量 a 和 b 均已正确定义并赋值，下列 if 语句中，在编译时会产生错误信息的是（   ）。

  A．if(a++);   B．if(a>b&&b!=0);
  C．if(a>b) a--   D．if(b<0) {;} else b++;

解析 本题考查的是 if 语句的结构问题。if 语句要求表达式后面跟着一条语句，若有多条，则用花括号括起来构成一条复合语句，而单独的分号表示一条空语句，符合 if 语句的语法，因此，选项 A、B、D 均正确。选项 C 中 a--后没有分号，不构成一条语句，所以编译时会产生错误信息。因此，答案为 C。

6. 已知 a=b=c=1 且均为 int 型变量，则执行下列语句：

```
++a||++b&&++c;
```

变量 a 的值为(①)，b 值为(②)。
①A．不正确　　B．0　　C．2　　D．1
②A．1　　B．2　　C．不正确　　D．0

解析　本题考查的是逻辑表达式的问题。||运算符两边有一个为真，则表达式结果就为真。因为++运算符的优先级高于||运算符，所以先算++a，a 的值为 2，C 语言中任何非 0 的数都表示真，0 表示假。因此，||运算符左侧结果为真，整个表达式的结果就为真，||运算符右侧的表达式不再进行运算。因此，答案为 C 和 A。

7. 已知：int w=1, x=2, y=3, z=4, a=5, b=6;，则执行下列语句：

```
(a=w>x)&&(b=y>z);
```

变量 a 的值为(①)，b 值为(②)。
①A．5　　B．0　　C．1　　D．2
②A．6　　B．0　　C．1　　D．4

解析　本题考查的是逻辑表达式的问题。&&运算符两边都为真，表达式结果才为真。因为括号的优先级最高，所以先算(a=w>x)，a 的值为假用 0 表示。因此，&&运算符左侧结果为假。对于&&运算符来说，一旦计算出左侧结果为假，则整个表达式的结果就为假，&&运算符右侧的表达式不再进行运算。因此，答案为 B 和 A。

8. 下列错误的 if 语句是(　　)。
　　A．if (x>y);
　　B．if (x==y)　x+=y;
　　C．if (x!=y)　scanf("%d", &x) else scanf ("%d", &y);
　　D．if (x<y) {x++; y++;}

解析　本题考查的是 if 语句的结构问题。if 语句要求条件表达式后面跟着一条语句，若有多条语句，则用花括号括起来构成一条复合语句。选项 A、B、D 均正确，选项 C 中 scanf("%d", &x)语句后少分号。因此，答案为 C。

9. 为了避免嵌套的条件语句 if-else 的二义性，C 语言规定 else 与(　　)配对。
　　A．缩进位置相同的 if　　　　　　　　B．其之前最近的未配对的 if
　　C．其之后最近的 if　　　　　　　　　D．同一行上的 if

解析　本题考查的是 if 语句的嵌套问题。C 语言规定 else 总是与其之前最近的且尚未配对的 if 配对。因此，答案为 B。

10. 在下列 4 个选项中(其中 s1 和 s2 为 C 语言语句)，(　　)语句在功能上与其他 3 个语句不等价。
　　A．if(a) s1; else s2;　　　　　　　　B．if(a==0) s2; else s1;
　　C．if(a!=0) s1; else s2;　　　　　　D．if(a==0) s1; else s2;

解析　本题考查的是 if 语句和关系运算符问题。C 语言中规定任何非 0 数都表示真，0 表示假。选项 A、B、C 均表示 a 不等于 0，则执行语句 s1，否则执行语句 s2，选项 D 与之相反。因此，答案为 D。

第四部分　习题解析

11. 下列关于 switch 语句和 break 语句的结论中,正确的是(　　)。
    A．break 语句是 switch 语句中的一部分
    B．在 switch 语句中可以根据需要使用或不使用 break 语句
    C．在 switch 语句中必须使用 break 语句
    D．break 语句在 switch 语句中只能出现一次

解析　本题考查的是 switch 语句和 break 语句问题。break 语句的功能是跳出 switch 结构和循环结构,break 语句本身不是 switch 语句的一部分,在 switch 语句中可以根据需要使用或不使用 break 语句。因此,答案为 B。

12. 若 int i=10;,则执行下列程序段后,变量 i 的正确结果是(　　)。

```
switch (i)
{   case  9: i+=1;
    case 10: i++;
    case 11: i+=1;
    default: i+=1;
}
```

　　A．10　　　　　　B．11　　　　　　C．12　　　　　　D．13

解析　本题考查的是 switch 语句问题。i 的值为 10,执行 switch 语句匹配到 case 10,执行其后面的 i++,i 的值变为 11,因为没有 break 语句,所以依次执行下面的语句,直到遇到 break 语句或 switch 语句时结束,i 的值最终变为 13。因此,答案为 D。

二、填空题

1. 已有定义:char c=' ';int a=1,b;(此处 c 的初值为空格字符),执行 b=!c&&a;语句后,b 的值为_____。

解析　本题考查的是逻辑运算符的问题。若&&运算符左侧为假,则整个表达式结果为假,右侧表达式不再运算。因此,答案为 0。

2. 设有定义:int y;,执行表达式(y=4)||(y=5)||(y=6)后,y 的值是_____,逻辑表达式的值是_____。

解析　本题考查的是逻辑运算符的问题。C 语言中任何非 0 数都表示真,因此,||运算符左侧结果为真,整个表达式的结果也为真,||运算符右侧的表达式不再进行运算。因此,答案为 y 的值是 4,逻辑表达式的值是 1。

3. 表示关系 x≥y≥z,应使用 C 语言表达式_____。

解析　本题考查的是逻辑运算符的问题。C 语言中要表示 x≥y 同时 y≥z 用&&运算符。因此,答案为 x>=y&&y>=z。

4. 当 a=1,b=3,c=5,d=4 时,下列程序执行后 x 的值是_____。

```
if(a<b)  if(c<d) x=1; else  if(a<c)  if(b<d) x=2;
else x=3; else x=6; else x=7;
```

解析　本题考查的是 if、if-else 结构及 if 的嵌套问题。本题的关键在于 else 和哪个 if 配对,C 语言规定 else 总是与之前最近的且尚未配对的 if 配成一对。本题的结构改写如下:

```
   if(a<b)
   {   if(c<d) x=1;
       else
       {   if(a<c)
           {   if(b<d)x=2;
               else x=3; }
           else x=6; }
   }
   else x=7;
```

因此,答案为2。

5. 下列程序用于判断a、b、c能否构成三角形,若能,则输出YES,否则输出NO。

```
#include <stdio.h>
void main()
{   float a,b,c;
    scanf("%f%f%f"),&a,&b,&c);
    if(_____) printf("YES\n");        /*a、b、c能构成三角形*/
    else    printf("NO\n");                      /*a、b、c不能构成三角形*/
}
```

解析 本题考查的是逻辑运算符和if语句的问题。已知三角形的三边长分别为a、b、c,能构成三角形的条件是:$a+b>c$,$a+c>b$,$b+c>a$。因此,答案为a+b>c&&a+c>b&&b+c>a。

6. 若有定义:int x=2,y=3,z=4;,则表达式 x+y&&(x=y)的值为_____。

解析 本题考查的是运算符的优先级和结合性问题。根据优先级,先算&&运算符左侧表达式x+y的值,结果为5,5为非0数,可转换为逻辑值1,&&运算符右侧表达式x=y的值为3,可转换为逻辑值1,所以表达式x+y&&(x=y)的值为1。因此,答案为1。

7. 若有定义:int x=2,y=3,z=4;,则表达式!(x=y)||x+z-y-!z 的值是_____。

解析 本题考查的是运算符的优先级和结合性问题。根据优先级,先算||运算符左侧表达式!(x=y)的值,结果为0,||运算符右侧表达式x+z-y-!z的值为1,所以表达式!(x=y)||x+z-y-!z的值为1。因此,答案为1。

三、编程题

1. 编程求解下面函数的值。

$$y = \begin{cases} -1, & x < 0 \\ 0, & x = 0 \\ 1, & x > 0 \end{cases}$$

解

```
#include <stdio.h>
void main()
{
    int x,y;                    /*定义变量*/
    scanf("%d",&x);             /*接收用户输入的一个整数*/
    if(x<0)
```

```
            y=-1;
        else
            if(x>0)
                y=1;
            else
                y=0;
    printf("y=%d",y);
}
```

2. 编程实现判断输入的一个整数是否能被 3 或 7 整除, 若能整除, 输出 YES; 若不能整除, 输出 NO。

解

```
#include <stdio.h>
void main()
{
    int x,y;                                /*定义变量*/
    scanf("%d",&x);                         /*接收用户输入的一个整数*/
    if((x % 3 == 0) || (x % 7 == 0))        /*判断输入的整数是否能被 3 或 7 整除*/
        printf("YES\n");                    /*能则输出 YES*/
    else  printf("NO\n");                   /*不能则输出 NO*/
}
```

3. 编程实现输入 3 个整数, 并按由大到小的顺序输出。

解

```
#include <stdio.h>
void main()
{
    int x,y,z,t;                            /*定义变量*/
    printf("enter three integer:");         /*提示用户输入 3 个整数*/
    scanf("%d%d%d",&x,&y,&z);               /*接收用户输入的 3 个整数*/
    if(x<y)
    {
        t=x;x=y;y=t;
    }                       /*实现 x 和 y 的互换, 结果 x 是二者中的大数*/
    if(x<z)
    {
        t=x;x=z;z=t;
    }                       /*实现 x 和 z 的互换, 结果 x 是二者中的大数, 即 3 个数中的最大数*/
    if(y<z)
    {
        t=y;y=z;z=t;
    }                       /*实现 y 和 z 的互换, 结果 y 是二者中的大数, 即 3 个数中的次大数*/
    printf("%d %d %d",x,y,z);
}
```

4. 编程实现输入一个字符, 判断它是否为小写字母, 若是, 将其转换成大写字母并输出; 若不是, 不进行转换, 输出该字符本身。

解

```c
#include <stdio.h>
void main()
{
    int c;                              /*定义变量*/
    printf("enter a char:");            /*提示用户输入一个字符*/
    c=getchar();                        /*接收用户输入的一个字符*/
    if(c>='a' && c<'z')
        putchar(c-('a'-'A'));
    else
        putchar(c);    /*判断输入的字符是否为小写字母,是则输出大写字母,否则输出原字符*/
}
```

4.5 循环结构程序设计

一、选择题

1．有以下程序：

```c
#include <stdio.h>
void main()
{   int y=10;
    while(y--); printf("y=%d\n",y);
}
```

程序运行后的输出结果是(　　)。

  A．y=0   B．y=-1   C．y=1   D．while 构成无限循环

  解析　本题考查的是 while 循环问题。本题的关键在于搞清楚 while 循环的循环体是一条空语句，因此不断执行 y--，最终当 y 的值变为 0 时，执行条件 y--，循环条件不成立，结束循环，y 的值为-1。因此，答案为 B。

2．要求通过 while 循环不断读入字符，当读入字母 N 时结束循环。若变量已正确定义，正确的程序段是(　　)。

  A．while ((ch=getchar())!='N') printf("%c",ch);

  B．while (ch=getchar()!='N') printf("%c",ch);

  C．while (ch=getchar()=='N') printf("%c",ch);

  D．while ((ch=getchar())=='N') printf("%c",ch);

  解析　本题考查的是 while 循环及运算符优先级问题。选项 B 中，由于!=优先级高于=，因此先算 getchar()!='N'，若结果为真，则将 1 赋值给 ch，若结果为假，则将 0 赋值给 ch。不管结果为何，输出的都不是读入的字母，因此错误。选项 C 同样错误，而且 printf 函数有语法错误。选项 D 条件写反了，什么也不输出。因此，答案为 A。

3．有以下程序：

```
#include <stdio.h>
void main()
{   int i,j;
    for(i=1;i<4;i++)
    {   for(j=i;j<4;j++)
            printf("%d*%d=%d",i,j,i*j);
        printf("\n");
    }
}
```

程序的运行结果是（　　）。
  A．1*1=1 1*2=2 1*3=3   B．1*1=1 1*2=2 1*3=3
    2*1=2 2*2=4   2*2=4 2*3=6
    3*1=3   3*3=9
  C．1*1=1   D．1*1=1
    1*2=2 2*2=4   2*1=2 2*2=4
    1*3=3 2*3=6 3*3=9   3*1=3 3*2=6 3*3=9

解析 本题考查的是 for 循环的嵌套问题。对于此类图形题，外层循环用来控制行，内层循环用来控制列。本题中，外层循环的循环变量 i 由 1 变到 3，共执行 3 次循环，即输出 3 行，内层循环的循环变量 j 由 i 变到 3，即第 1 行输出 3 列，第 2 行输出 2 列，第 3 行输出 1 列，每次输出 i*j 的值。因此，答案为 B。

4．以下关于 C 语言的叙述中，错误的是(　　)。
  A．可以用 while 语句实现的循环，一定可以用 for 语句实现
  B．可以用 for 语句实现的循环，一定可以用 while 语句实现
  C．可以用 do-while 语句实现的循环，一定可以用 while 语句实现
  D．do-while 语句与 while 语句的区别仅是关键字 while 出现的位置不同

解析 本题考查的是循环问题。C 语言中的 3 种循环结构可以互相转换，因此前 3 个选项均正确。do-while 语句与 while 语句的区别在于，do-while 语句至少执行一次循环体，而 while 语句可能一次也不执行循环体。因此，答案为 D。

5．有以下程序：

```
#include <stdio.h>
void main()
{   int y=9 ;
    for(  ;  y>0 ;  y--)
        if(y%3==0 )   printf("%d" , --y);
}
```

程序的运行结果是(　　)。
  A．741   B．963   C．852   D．875421

解析 本题考查的是 for 循环的应用问题。根据 for 循环的执行过程，先判断循环条件 y>0 成立，执行循环体，然后循环变量增值。本循环的功能是输出 0 到 9 之间 3 的倍数的

前一个数字。因此,答案为 C。

6. 下列不构成无限循环的语句或语句组是(　　)。

　　A. n=0;
　　　　do{++n;}while(n<=0);
　　B. n=0;
　　　　while(1){n++;}
　　C. n=10;
　　　　while(n);
　　D. for(n=0,i=1; ;i++) n+=i;
　　　　{n--;}

解析　本题考查的是循环结构问题。选项 B 中,循环条件为 1(真),是死循环。选项 C 中,循环条件为 n,n 的值为 10(真),是死循环。选项 D 中,无循环条件,是死循环。选项 A 中,n 的值为 0,执行 do 循环后 n 的值为 1,不满足循环条件 n<=0。因此,答案为 A。

7. 有以下程序:

```
#include <stdio.h>
void main()
{   int x=8;
    for( ; x>0; x--)
    {   if(x%3)
        {   printf("%d,",x--); continue; }
        printf("%d,",--x);
    }
}
```

程序的运行结果是(　　)。

A. 7,4,2　　　B. 8,7,5,2,　　　C. 9,7,6,4,　　　D. 8,5,4,2,

解析　本题考查的是循环及 continue 语句的用法问题。x 的初值为 8,满足条件 x>0,执行循环体,判断条件 x%3 结果为真,输出 x-- 的值,即 8,x 的值为 7,然后执行 continue;,结束本次循环,返回 for 循环,执行 x--,x 的值为 6,条件 x%3 结果为假,执行下一条语句 printf("%d,",--x);,输出 --x 的值,即 5。直到不满足条件 x>0 时,循环结束。因此,答案为 D。

8. 有以下程序:

```
#include <stdio.h>
void main()
{   int i,j;
    for(i=3; i>=1; i--)
    {   for(j=1;j<=2;j++)  printf("%d",i+j);
        printf("\n");
    }
}
```

程序的运行结果是(　　)。

A. 2 3 4　　　B. 4 3 2　　　C. 2 3　　　D. 4 5
　　3 4 5　　　　　5 4 3　　　　3 4　　　　　3 4
　　　　　　　　　　　　　　　　　4 5　　　　　2 3

解析　本题考查的是循环嵌套问题。

i 的值为 3 时，条件 i>=1 成立，执行循环体。

j 的值为 1，条件 j<=2 成立，执行循环体，输出 4，执行 j++；

j 的值为 2，条件 j<=2 成立，执行循环体，输出 5，执行 j++；

j 的值为 3，条件 j<=2 不成立，跳出内层循环，不执行循环体，执行后面的语句，换行，执行 i--。

i 的值为 2 时，条件 i>=1 成立，执行循环体。

j 的值为 1，条件 j<=2 成立，执行循环体，输出 3，执行 j++；

j 的值为 2，条件 j<=2 成立，执行循环体，输出 4，执行 j++；

j 的值为 3，条件 j<=2 不成立，跳出内层循环，不执行循环体，执行后面的语句，换行，执行 i--。

i 的值为 1 时，条件 i>=1 成立，执行循环体。

j 的值为 1，条件 j<=2 成立，执行循环体，输出 2，执行 j++；

j 的值为 2，条件 j<=2 成立，执行循环体，输出 3，执行 j++；

j 的值为 3，条件 j<=2 不成立，跳出内层循环，不执行循环体，执行后面的语句，换行，执行 i--。

i 的值为 0 时，条件 i>=1 不成立，退出整个 for 循环。因此，答案为 D。

9. 有以下程序：

```
#include <stdio.h>
void main()
{   int i=5;
    do
    { if(i%3==1)
        if(i%5==2)
        { printf("*%d",i); break; }
      i++;
    }while(i!=0);
    printf("\n");
}
```

程序的运行结果是(　　)。

　　A．*7　　　　　　　B．*3*5　　　　　　　C．*5　　　　　　　D．*2*6

解析　本题考查的是 break 语句的用法。break 语句用来退出循环结构和 switch 结构。本题要明确循环体中的语句，当 i 的值满足(i%3==1)并且满足(i%5==2)条件时，输出*i，然后通过 break 语句退出整个循环；如果不满足，就执行 i++；本题的题意是：输出第一个满足(i%3==1)并且满足(i%5==2)条件的 i 值，当 i 自加到 7 时，满足题目要求，输出*7，然后退出整个循环，执行后面的语句，换行结束。因此，答案为 A。

10. 有以下程序：

```
#include <stdio.h>
void main()
{   int i,j, m=55;
```

```
      for(i=1;i<=3;i++)
          for(j=3; j<=i; j++)      m=m%j;
     printf("%d \n ",    m);
}
```

程序的运行结果是(   )。

  A．0   B．1   C．2   D．3

解析　本题考查的是循环嵌套问题。外层循环的循环变量 i 由 1 变到 3，共执行 3 次。i 的值为 1 时，内层循环的循环变量 j 的初值为 3，不满足循环条件 j<=i，内层循环结束。执行 i++，i 的值为 2，内层循环的循环变量 j 的初值为 3，不满足循环条件 j<=i，内层循环结束。执行 i++，i 的值为 3，内层循环的循环变量 j 的初值为 3，满足循环条件 j<=i，执行循环体。m 的值为 1，执行 j++，j 的值为 4，不满足循环条件 j<=i，内层循环结束。执行 i++，i 的值为 4，不满足循环条件 i<=3，整个循环结束。因此，答案为 B。

11．语句 for(x=0,y=0;(y=123)&&(x<4);x++);的执行次数是(   )。

  A．无限循环   B．不定   C．4 次   D．3 次

解析　本题考查的是循环问题。本题中的循环条件为(y=123)&&(x<4)，x 的值会从 0 变到 3，执行循环体，当 x 的值为 4 时，循环条件不成立，退出循环。因此，答案为 C。

12．从循环体内某一层跳出，继续执行循环外的语句是(   )。

  A．break 语句 B．return 语句 C．continue 语句 D．空语句

解析　本题考查的是 break 语句的用法。break 语句可以跳出一层循环结构。因此，答案为 A。

二、填空题

1．下列程序的功能是：输出 100 以内(不含 100)能被 3 整除且个位数为 6 的所有整数。请填空。

```
#include <stdio.h>
void main()
{   int i,j;
    for(i=0; _____ ;i++)
    {   j=i*10+6;
        if(_____)  continue;
        printf("%3d",j);
    }
}
```

解析　本题考查的是循环及 continue 语句的用法问题。本题要求输出 100 以内(不含 100)能被 3 整除且个位数为 6 的所有整数，因此，要从 0 到 99 依次判断其是否满足题目要求。又因为循环体中有 j=i*10+6;语句，使得 j 的值每次加 10，所以循环 10 次就可以了，因此，第一个空应填 i<=9 或 i<10。经过执行 j=i*10+6;语句后，满足个位数为 6，再判断是否能被 3 整除，因此，第二个空应填 j%3!=0 或 j%3。

2．若有定义：int k;，则下列程序段的输出结果是_____。

```
for(k=2;k<6;k++,k++) printf("##%d",k);
```

解析 本题考查的是 for 循环问题。循环变量的初值为 2，满足循环条件 k<6，执行循环体，输出##2；执行表达式 k++,k++，k 的值为 4，满足循环条件 k<6，执行循环体，输出##4；再执行表达式 k++,k++，k 的值为 6，不满足循环条件 k<6，循环结束。因此，答案为##2##4。

3．下列程序的输出结果是_____。

```
# include <stdio.h>
void main()
{   int  n=12345,d;
    while(n!=0){ d=n%10; printf("%d", d); n/=10; }
}
```

解析 本题考查的是 while 循环问题。本题中循环体的功能是把整数 n 每位数字分离，并从右往左输出。因此，答案为 54321。

4．有下列程序段，且变量已正确定义和赋值。

```
for(s=1.0 , k=1;   k<=n;   k++)    s=s+1.0/(k*(k+1));
printf("s=%f\n\n",   s);
```

请填空，使下面程序段的功能与上面程序段的功能完全相同。

```
s=1.0;   k=1;
while(_____)  {    s=s+1.0/(k*(k+1));  _____;   }
printf("s=%f\n\n", s);
```

解析 本题考查的是不同循环之间的转换问题。对于 for 循环来说，表达式 1 为循环变量赋初值，表达式 2 为循环条件，表达式 3 为循环变量增值，转换成相应的 while 循环，循环变量赋初值放于循环体外，括号里写循环条件，因此，第一个空应填 k<=n。而循环变量增值放于循环体内，使得循环条件最终不成立，因此，第二个空应填 k++。

5．当执行下列程序时，输入 1234567890<回车>，则其中 while 循环体将执行_____次。

```
#include <stdio.h>
void main()
{   char ch;
    while((ch=getchar())=='0')
        printf("#");
}
```

解析 本题考查的是 while 循环问题。本题中的循环条件为(ch=getchar())=='0'，即输入的字符为 0，条件成立，执行循环体输出；当输入为 1234567890<回车>时，首先把 1 赋值给变量 ch，循环条件不成立，不执行循环体，结束循环。因此，答案为 0。

6．下列程序的输出结果为_____。

```
#include <stdio.h>
void main()
{   int a;
    for(a=0;a<10;a++);
        printf("%d",a);
}
```

解析 本题考查的是 for 循环问题。for 循环的循环体只能是一条语句，所以本题的循环体为空语句";"，而不是 printf("%d",a);，即 for 循环只是使 a 的值变为 10，循环不成立，退出循环。因此，答案为 10。

三、编程题

1. 编程实现求 $1+\dfrac{1}{3}+\dfrac{1}{5}+\cdots+\dfrac{1}{51}$ 的值，并显示出来。

解

```
#include <stdio.h>
void main()
{   int i;
    float sum=0,t=1;            /*定义变量并赋初值*/
    for(i=1;i<=25;i++)          /*控制循环次数为 25 次*/
    {
        sum+=t;                 /*求和*/
        t=1.0/(2*t+1);          /*构造下一个数据项*/
    }
    printf("%f",sum);           /*输出结果*/
}
```

2. 编程实现显示如下图形。

```
*
* *
* * *
* * * *
* * * * *
```

解

```
#include <stdio.h>
void main()
{   int i,j;                    /*定义变量*/
    for(i=1;i<=5;i++)           /*外层循环控制输出 5 行*/
    {
        for(j=1;j<=i;j++)       /*内层循环控制输出列数*/
            printf(" * ");
        printf("\n");           /*换行*/
    }
}
```

3. 编程实现从键盘输入一个正整数，计算并显示其各位数字之和。例如，1234 各位数字之和为 1+2+3+4=10。

解

```
#include <stdio.h>
void main()
{   long i,sum=0;
```

```
        int t;                          /*定义变量并赋初值*/
        scanf("%d",&i);                  /*从键盘输入一个正整数*/
        while(i!=0)
        {
            t=i%10;
            sum+=t;
            i=i/10;
        }                                /*分离该正整数各位数字并计算其和*/
        printf("sum is %d\n",sum);
}
```

4. 用一元纸币兑换一分、两分和五分的硬币，要求兑换硬币的总数为 50 枚，问共有多少种兑换方法？每种兑换方法中各种硬币分别为多少？

解

```
#include <stdio.h>
void main()
{   int i,j,k,n=0;                       /*定义变量并赋初值*/
    for(i=0;i<=100;i++)                  /*控制一分硬币的个数*/
        for(j=0;j<=50;j++)               /*控制两分硬币的个数*/
            for(k=0;k<=20;k++)           /*控制五分硬币的个数*/
                if(i+j+k==50)
                { n++;
                    printf("%d %d %d\n",i,j,k);
                }                        /*每种换法中各种硬币分别为多少*/
    printf(" %d",n);                     /*共有多少种换法*/
}
```

4.6 数 组

一、选择题

1. 若有定义语句：int m[ ]={5,4,3,2,1},i=4;，则下面对 m 数组元素的引用中错误的是（ ）。

  A．m[--i]   B．m[2*2]   C．m[m[0]]   D．m[m[i]]

解析 本题考查的是数组下标的问题。数组的下标不能越界，数组长度由花括号中的数据个数确认，默认为 5，含有的 5 个数组元素分别为 m[0]、m[1]、m[2]、m[3]、m[4]。选项 C 对应 m[5]，下标越界；选项 A 对应 m[3]；选项 B 对应 m[4]；选项 D 对应 m[1]。因此，答案为 C。

2. 若有定义语句：char s[10]="1234567\0\0";，则 strlen(s)的值是(   )。

  A．7   B．8   C．9   D．10

解析 本题考查的是字符串结束标志'\0'的应用。strlen(s)函数的功能是求字符串的长度，字符串的长度应从第一个字符开始算，到第一个结束符'\0'结束，注意'\0'不占字符串长度。因此，答案为 A。

3. 下列错误的定义语句是(　　)。
   A．int x[][3]={{0},{1},{1,2,3}};
   B．int x[4][3]={{1,2,3},{1,2,3},{1,2,3},{1,2,3}};
   C．int x[4][]={{1,2,3},{1,2,3},{1,2,3},{1,2,3}};
   D．int x[][3]={1,2,3,4};

解析 本题考查的是二维数组的定义及初始化问题。C 语言规定二维数组定义初始化时，数组行的长度可省略，列的长度不可省略。因此，答案为 C。

4. 若有定义语句：char s[10];，要从终端给 s 输入 5 个字符，错误的输入语句是(　　)。
   A．gets(&s[0]);　　　　　　　　　　B．scanf("%s",s+1);
   C．gets(s);　　　　　　　　　　　　D．scanf("%s",s[1]);

解析 本题考查的是数组名及字符型数据的输入问题。C 语言中数组名表示数组的首地址，即第一个元素的地址，而 gets 和 scanf 函数的参数均要求给出地址，因此，选项 A、B、C 均正确，选项 D 中的参数 s[1]为数组元素，不符合语法要求。因此，答案为 D。

5. 有以下程序：

```
#include <stdio.h>
void main()
{   int s[12]={1,2,3,4,4,3,2,1,1,1,2,3},c[5]={0},i;
    for(i=0;i<12;i++) c[s[i]]++;
    for(i=1;i<5;i++) printf("%d",c[i]);
    printf("\n");
}
```

程序的运行结果是(　　)。
   A．1 2 3 4　　　B．2 3 4 4　　　C．4 3 3 2　　　D．1 1 2 3

解析 本题考查的是数组元素的输入输出问题。第一个 for 循环的作用是给 c 数组赋值，c[s[i]]++;表示对应 c 数组下标在 s 数组中出现的个数，如 s 数组中 1 的个数为 4，则 c[1]=4。因此，答案为 C。

6. 有以下程序段：

```
int j; float y; char name[50];
scanf("%2d%f%s", &j, &y, name);
```

当执行上述程序段，从键盘输入 55566 7777abc 后，y 的值是(　　)。
   A．55566.0　　　B．566.0　　　C．7777.0　　　D．566777.0

解析 本题考查的是 scanf 输入及字符数组赋值问题。根据 scanf 语法要求，从键盘输入 55566 7777abc 后，j 的值为 55，y 的值为 566.0，name[]的值为 7777abc。因此，答案为 B。

7. 若有定义语句：int a[3][6];，按照数组在内存中的存放顺序，a 数组的第 10 个元素是(　　)。
   A．a[0][4]　　　B．a[1][3]　　　C．a[0][3]　　　D．a[1][4]

解析 本题考查的是二维数组的存放顺序问题。C 语言规定二维数组是按行存放的，即先存第一行，再存第二行，且数组的下标是从 0 开始的。因此，答案为 B。

8．下列关于字符串的叙述中正确的是(　　)。
   A．C语言中有字符串类型的常量和变量
   B．两个字符串中的字符个数相同时才能进行字符串大小的比较
   C．可以用关系运算符对字符串的大小进行比较
   D．空串一定比空格打头的字符串小

解析　本题考查的是字符串问题。C语言中有字符串常量，没有字符串变量，所以选项A错误。两个字符串能比较大小，对于字符个数没有要求，只要找到第一个不相等的字符，则整个字符串的大小就确定了，所以选项B错误。不能用关系运算符对字符串的大小进行比较，要用字符串比较函数strcmp比较字符串的大小，所以选项C错误。任何字符的ASCII码值都大于空格的ASCII码值，故空串一定比空格打头的字符串小，所以选项D正确。因此，答案为D。

9．下列程序的输出结果是(　　)。

```
#include <stdio.h>
#include <string.h>
void main()
{   char  p[20]={'a','b','c','d'},q[]="abc", r[]="abcde";
    strcpy(p+strlen(q),r);  strcat(p,q);
    printf("%d %d\n",sizeof(p),strlen(p));
}
```

   A．20　9　　　　　B．9　9　　　　　C．20　11　　　　D．11　11

解析　本题考查的是字符数组问题。strcpy为字符串复制函数，strlen为求字符串长度函数，strcat为字符串连接函数，sizeof为求数组p占多少字节函数。数组p定义占20字节，因此sizeof(p)的值为20，选项B、D错误。执行完strcpy(p+strlen(q),r);语句后，数组p中存放的字符串为"abcabcde"，执行完strcat(p,q);语句后，数组p中存放的字符串为"abcabcdeabc"，字符串长度为11。因此，答案为C。

10．已知：char str1[10],str2[10]={"books"};，则在程序中能够将字符串"books"赋给数组str1的正确语句是(　　)。
   A．str1={"books"};　　　　　　　　B．strcpy(str1, str2);
   C．str1=str2;　　　　　　　　　　　D．strcpy(str2, str1);

解析　本题考查的是字符数组及字符串函数问题。C语言中字符串不可以在程序中用赋值号直接赋值，所以选项C错误。将str2中的内容赋值给str1，必须使用字符串复制函数strcpy，而strcpy函数的正确用法为选项B，选项D的参数使用错误。选项A只有在定义时进行初始化才合法。因此，答案为B。

11．已知：char a1[]="abc",a2[80]="1234";，则将a1串连接到a2串后面的语句是(　　)。
   A．strcat(a2,a1);　　B．strcpy(a2,a1);　　C．strcat(a1,a2);　　D．strcpy(a1,a2);

解析　本题考查的是字符数组及字符串函数问题。strcat为字符串连接函数，strcpy为字符串复制函数，将a1串连接到a2串后面的语句为strcat(a2,a1);。因此，答案为A。

12．若二维数组a有m列，则在a[i][j]前的元素个数为(　　)。
   A．j*m+i　　　　　B．i*m+j　　　　　C．i*m+j-1　　　　D．i*m+j+1

解析 本题考查的是二维数组问题。数组元素 a[i][j]在数组中的位置为 i*m+j+1,所以 a[i][j]前的元素个数为 i*m+j。因此,答案为 B。

13．已知:int a[10];,则给数组 a 的所有元素分别赋值为 1、2、3……的语句是(   )。

  A．for(i=1;i<11;i++) a[i]=i;　　　　　B．for(i=1;i<11;i++) a[i-1]=i;
  C．for(i=1;i<11;i++) a[i+1]=i;　　　　D．for(i=1;i<11;i++) a[0]=1;

解析 本题考查的是一维数组元素的赋值问题。数组的下标从 0 开始,所以应该先给 a[0]赋值为 1。因此,答案为 B。

14．合法的数组定义是(   )。

  A．int a[ ]="string";　　　　　　　　　B．int a[5]={0,1,2,3,4,5};
  C．char a[ ]="string";　　　　　　　　D．char a={0,1,2,3,4,5};

解析 本题考查的是数组的定义问题。选项 A 定义为整型数组,赋值为字符串类型,不匹配。选项 B 定义为 5 个数组元素,初始化赋值 6 个值,个数不匹配。选项 D 定义为字符型数组,赋值为整型,不匹配。因此,答案为 C。

15．已知:char a[]="This is a program.";,输出前 5 个字符的语句是(   )。

  A．printf("%.5s",a);　　　　　　　　　B．puts(a);
  C．printf("%s",a);　　　　　　　　　　D．a[5*2]=0;puts(a);

解析 本题考查的是字符型数组的输出问题。选项 B、C、D 均输出整个字符串。因此,答案为 A。

二、填空题

1．下列程序按下面指定的数据给 x 数组的下三角赋值,并按如下形式输出。请填空。

         4
         3 7
         2 6 9
         1 5 8 10

```
#include <stdio.h>
void main()
{   int x[4][4],n=0,i,j;
    for(j=0;j<4;j++)
        for(i=3;i>=j;_____)
        {  n++;x[i][j]= _____;  }
    for(i=0;i<4;i++)
    {  for(j=0;j<=i;j++)
           printf("%3d",x[i][j]);
       printf("\n");
    }
}
```

解析 本题考查的是二维数组的输入输出问题。第一个双层循环的作用是按指定的数据给 x 数组的下三角赋值,赋值的顺序为从左至右、从下往上。而双层循环中外层循环用来控制行,内层循环用来控制列,即先给 x[3][0]赋值 1,x[2][0]赋值 2,x[1][0]赋值 3,x[0][0]

赋值 4，也就是给 x[i][j] 赋值 n。因此，答案为 i--和 n。

2. 下列程序分别统计从终端输入的字符中每个大写字母的个数，num[0]中统计字母 A 的个数，num[1]中统计字母 B 的个数，其他依此类推。用#号结束输入。请填空。

```
#include <stdio.h>
#include <ctype.h>
void main()
{   int num[26]={0}, i;    char c;
    while( (_____) != '#')
        if(isupper(c))  num [ c - 'A' ]+= _____;
            for(i=0; i<26; i++)
                printf("%c : %d\n ",i+'A', num[i]);
}
```

解析　本题考查的是数组问题。第一个 while 循环用来给数组赋值，第二个循环输出数组的值。由于本题用#号作为结束输入的标志，因此，第一个空应填接收的输入字符，即 c=getchar()。循环体中 isupper(c)用于判断 c 是否为大写字母，本题要统计各个大写字母的个数，用 num 数组保存，相应位置处个数要加 1，因此，第二个空应填 1。

3. 下列程序的输出结果是_____。

```
#include <stdio.h>
#include <string.h>
void main()
{   printf("%d\n",strlen("IBM\n012\1\\"));
}
```

解析　本题考查的是字符串函数问题。strlen 为求字符串长度函数，注意本题字符串中包含转义字符\n、\1、\\。因此，答案为 9。

4. 若有定义语句：int a[][3]={{0},{1},{2}};，则数组元素 a[1][2]的值为_____。

解析　本题考查的是二维数组初始化问题。C 语言规定数组初始化时未赋值的元素默认值为 0。因此，答案为 0。

5. 下列程序的功能是求出数组 x 中各相邻两个元素的和，并依次存放到 a 数组中，然后输出。请填空。

```
#include <stdio.h>
void main()
{   int x[10],a[9],i;
    for(i=0;i<10;i++)
        scanf("%d",&x[i]);
    for(_____;i<10;i++)
        a[i-1]=x[i]+ _____;
    for(i=0;i<9;i++)
        printf("%3d",a[i]);
    printf("\n");
}
```

解析 本题考查的是数组问题。C 语言中数组的输入输出用循环来实现。第一个 for 循环用来给数组赋值，第二个 for 循环用来求出数组 x 中各相邻两个元素的和，并依次存放到 a 数组中，第三个 for 循环实现数组的输出。对于第二个 for 循环来说，要给 a 数组赋值，共 9 个元素，要控制循环 9 次，根据终止条件 i<10 及变量的增值，判断 i 的初值必须为 1，而相邻两个元素的和应该是 a[0]=x[1]+ x[0]，依此类推，即 a[i-1]=x[i]+ x[i-1]。因此，答案为 i=1 和 x[i-1]。

6．若有定义语句：char s[ ]="china";，则 C 语言系统为数组 s 开辟＿＿＿＿个字节的内存单元。

解析 本题考查的是字符型数组存储问题。C 语言中字符型数据占 1 个字节，字符串"china"本身占 5 个字节，系统自动加上字符串结束标志'\0'占 1 个字节，所以会开辟 6 个字节的内存单元。因此，答案为 6。

7．数组在内存中占一段连续的存储区，由＿＿＿＿代表它的首地址。

解析 本题考查的是数组问题。C 语言中数组名代表它的首地址。因此，答案为数组名。

8．若有数组 a，数组元素为 a[0]～a[9]，其值为 9、4、12、8、2、10、7、5、1、3，该数组中下标最大的元素的值是＿＿＿＿。

解析 本题考查的是数组问题。C 语言中数组的下标从 0 开始，本题中最大的下标为 9，所以下标最大的元素的值为 3。因此，答案为 3。

9．执行语句 char str[81]="abcdef";后，字符串 str 结束标志存储在 str[＿＿＿＿]中(填写下标值)。

解析 本题考查的是数组问题。C 语言中数组的下标从 0 开始，所以字符串 str 结束标志存储在 str[6]中。因此，答案为 6。

10．若有以下定义和语句，则输出结果是＿＿＿＿。

```
char s[12]="a book!";
printf("%d\n",strlen(s));
```

解析 本题考查的是字符型数组问题。strlen 函数输出字符串的长度，遇'\0'结束。因此，答案为 7。

11．定义 int a[2][3];表示数组 a 中的元素个数是＿＿＿＿个。

解析 本题考查的是二维数组问题。数组个数为 2×3=6 个。因此，答案为 6。

12．字符串的结束标志是＿＿＿＿。

解析 本题考查的是字符型数组问题。字符串的结束标志是'\0'。

13．已知：static int a[3][3]={{1,2,3},{4,5,6},{7,8,9}};，其中 a[1][2]的值为＿＿＿＿。

解析 本题考查的是二维数组问题。C 语言中数组的下标从 0 开始。因此，答案为 6。

三、编程题

1．使用冒泡法对输入的 10 个整数从小到大进行排序。

解

```
#include <stdio.h>
void main( )
```

```
{   int i, j,x,a[10];                       /*定义变量及数组*/
    printf("Input 10 numbers please\n");
    for(i=0;i<10; i++)
        scanf("%d", &a[i]);                 /*输入10个整数给数组*/
    printf("\n");
    for(i=1;i<10; i++)
        for(j=0;j<9; j++)
            if(a[j]>a[j+1])
            {   x=a[j];
                a[j]=a[j+1];
                a[j+1]=x;
            }                                /*对数组由小到大进行排序*/
    printf("The sorted 10 numbers;\n");
    for(i=0;i<10; i++)
        printf("%d ", a[i]);
    printf("\n");                            /*输出排好序的数组元素*/
}
```

2．编程实现求数组 a 的两条对角线上的元素之和。

解

```
#include <stdio.h>
void main( )
{   int a[3][3]={1, 3, 6, 7,9, 11, 14, 15, 17},sum1=0, sum2=0, i, j;
                                             /*定义变量及数组*/
    for(i=0;i<3;i++)
        for(j=0;j<3; j++)
            if(i==j) sum1=sum1+a[i][j];      /*求主对角线元素之和*/
    for(i=0; i<3; i++)
        for(j=2;j>=0; j--)
            if(i+j==2)sum2=sum2+a[i][j];     /*求副对角线元素之和*/
    printf("sum1=%d, sum2=%d\n", sum1, sum2);
}
```

3．通过键盘输入一个字符串 s，编程实现将字符串 s 中所有的字符 c 删除。

解

```
#include <stdio.h>
void main( )
{   char s[80]; int i, j;                    /*定义变量及字符数组*/
    gets(s);                                 /*输入字符串s*/
    for(i=j=0; s[i]!='\0'; i++)
        if(s[i]!='c')s[j++]=s[i];            /*删除字符串s中的字符c*/
    s[j]='\0';                               /*给字符串s尾端加结束标志*/
    puts(s);                                 /*输出新字符串s*/
}
```

4. 利用二维数组，产生如下形式的杨辉三角形(共 10 行)。

```
1
1 1
1 2 1
1 3 3 1
1 4 6 4 1
……
```

解

```c
#include <stdio.h>
#define N 11
void main ()
{   int i, j,a[N][N];                          /*定义变量及二维数组*/
    for(i=1; i<N; i++)
    {   a[i][1]=1;
        a[i][i]=1;                             /*给二维数组第1列和对角线赋值为1*/
    }
    for(i=1; i<N; i++)
        for(j=2;j<i; j++)/*给二维数组其他元素赋值，值为前一列的同列元素与前一行前一
                           列元素之和*/
            a[i][j]=a[i-1][j-1]+a[i-1][j];
    for(i=1; i<N; i++)
    {   for(j=1;j<=i; j++)
            printf("%d ",a[i][j]);
        printf("\n");                          /*输出二维组的值*/
    }
}
```

4.7 函　　数

一、选择题

1. 下面的函数调用语句中，func 函数的实参个数是(　　)。

```
func(f2(v1,v2)), (v3,v4,v5),(v6,max(v7,v8)));
```

　　A. 3　　　　　　　B. 4　　　　　　　C. 5　　　　　　　D. 8

解析　本题考查的是函数问题。在函数的参数列表中，不同参数之间用逗号分隔。本题中共有 3 个逗号，即 3 个参数，分别为 f2(v1,v2))、(v3,v4,v5)、(v6,max(v7,v8))。此类题可以简单地理解为以外层逗号间隔为准，其中每个参数又可以含有函数和多个参数。因此，答案为 A。

2. 下列选项中叙述错误的是(　　)。

　　A. 用户定义的函数中可以没有 return 语句

　　B. 用户定义的函数中可以有多个 return 语句，以便可以调用一次返回多个函数值

C．用户定义的函数中若没有 return 语句，则应当定义函数为 void 类型

D．函数的 return 语句中可以没有表达式

解析　本题考查的是函数中的 return 语句用法。return 语句用来返回函数的返回值。函数中没有 return 语句，函数的类型必须是 void 型(无返回值类型)，所以选项 A、C 正确。对于 void 型的函数，可以使用 return 语句，但表达式应该为空，其作用是程序控制权的转移，所以选项 D 正确。函数可以根据需要返回一个确定的值，程序中可以出现多个 return 语句，但当程序执行到第一个 return 语句时，就会结束当前函数的运行，不会执行后面的语句，所以用 return 语句只能返回一个函数值。因此，答案为 B。

3．有以下程序：

```
#include <stdio.h>
int fun(int a, int b)
{   if(b==0) return a;
    else    return(fun(--a,--b));
}
void main()
{   printf("%d\n",fun(4,2));   }
```

程序的运行结果是(　　)。

A．1　　　　　　B．2　　　　　　C．3　　　　　　D．4

解析　本题考查的是函数的递归调用问题。主函数调用 fun(4,2)，fun(4,2)调用 fun(3,1)，fun(3,1)调用 fun(2,0)，当 b 接收到 0 时，递归结束。因此，答案为 B。

4．若函数调用时的实参为变量，下列关于函数形参和实参的叙述中正确的是(　　)。

A．函数的实参和其对应的形参共占同一存储单元

B．形参只是形式上的存在，不占用具体存储单元

C．同名的实参和形参占同一存储单元

D．函数的形参和实参分别占不同的存储单元

解析　本题考查的是函数的形参和实参问题。若函数调用时的实参为变量时，函数的形参和实参分别占不同的存储单元。若函数调用时的实参为地址或指针时，函数的形参和实参占用相同的存储单元。若函数调用时的实参为变量时，同名的实参和形参占不同的存储单元。因此，答案为 D。

5．下列叙述中正确的是(　　)。

A．函数的定义可以嵌套，但函数的调用不可以嵌套

B．函数的定义不可以嵌套，但函数的调用可以嵌套

C．函数的定义和调用均不可以嵌套

D．函数的定义和调用均可以嵌套

解析　本题考查的是函数的定义和嵌套问题。按照 C 语言"先定义，后使用"的原则，函数可以嵌套调用，但不可以嵌套定义。因此，答案为 B。

6．有以下程序：

```
#include <stdio.h>
#define N  4
```

```
void fun(int a[][N],int b[])
{   int i;
    for(i=0;i<N;i++) b[i]=a[i][i];
}
void main()
{   int x[][N]={{1,2,3},{4},{5,6,7,8},{9,10}},y[N],i;
    fun(x,y);
    for(i=0;i<N;i++) printf("%d,",y[i]);
    printf("\n");
}
```

程序的运行结果是(   )。

  A．1,2,3,4,   B．1,0,7,0,   C．1,4,5,9,   D．3,4,8,10,

解析 本题考查的是二维数组名和一维数组名作为实参进行参数传递的问题。在主函数中调用了 fun 函数，实参为二维数组名 x 和一维数组名 y，在实参向形参传递数据的过程中，是将二维数组 x 和一维数组 y 传递给数组 a、b，即二维数组 x 和二维数组 a 占同一存储单元，一维数组 y 与一维数组 b 占同一存储单元，这是双向地址传递。这样在 fun 函数中对 a[i][j]、b[i]进行操作，实际上就是对主函数中的 x[i][j]、y[i]进行操作，即把 x[0][0]、x[1][1]、x[2][2]和 x[3][3]分别赋给 y[0]、y[1]、y[2]和 y[3]。因此，答案为 B。

7．在 C 语言中，函数返回值的类型最终取决于(   )。

  A．函数定义时在函数首部所说明的函数类型

  B．return 语句中表达式值的类型

  C．调用函数时主函数所传递的实参类型

  D．函数定义时形参的类型

解析 本题考查的是函数返回值问题。在 C 语言中，一般函数返回值类型和定义时在函数首部所说明的函数类型要一致，若不一致，则以函数首部所说明的函数类型为准。因此，答案为 A。

8．在一个 C 语言源程序文件中所定义的全局变量，其作用域为(   )。

  A．所在文件的全部范围

  B．所在程序的全部范围

  C．所在函数的全部范围

  D．由具体定义位置和 extern 说明来决定范围

解析 本题考查的是全局变量问题。在 C 语言中，全局变量的作用域由具体定义位置开始，一直到程序结束，或者通过 extern 来扩展其范围。因此，答案为 D。

9．有以下程序：

```
#include <stdio.h>
void fun(int a,int b)
{
    int t;
    t=a;a=b;b=t;
}
void main()
```

```
{   int c[10]={1,2,3,4,5,6,7,8,9,0},i;
    for(i=0;i<9;i+=2)
      fun(c[i],c[i+1]);
    for(i=0;i<10;i++)
      printf("%d,",c[i]);
    printf("\n");
}
```

程序的运行结果是(　　)。

　　A．1,2,3,4,5,6,7,8,9,0,　　　　　　B．2,1,4,3,6,5,8,7,0,9,
　　C．0,9,8,7,6,5,4,3,2,1,　　　　　　D．0,1,2,3,4,5,6,7,8,9,

解析　本题考查的是函数实参与形参的传递问题。普通变量作为实参进行参数传递，为单向值传递，形参反过来不能传递给实参。在主函数中把数组元素作为实参传递给形参 a 和 b，在 fun 中交换了形参 a 和 b 的值，但形参 a 和 b 值的改变并不影响实参，所以数组 c 中的元素没有改变。因此，答案为 A。

10．有以下程序：

```
#include <stdio.h>
void fun(int a[],int n)
{   int i,t;
    for(i=0;i<n/2;i++)
    {   t=a[i];a[i]=a[n-1-i];a[n-1-i]=t; }
}
void main()
{   int k[10]={1,2,3,4,5,6,7,8,9,10},i;
    fun(k,5);
    for(i=2;i<8;i++) printf("%d",k[i]);
    printf("\n");
}
```

程序的运行结果是(　　)。

　　A．345678　　　　B．876543　　　　C．1098765　　　　D．321678

解析　本题考查的是数组名作为函数参数的问题。一维数组名(地址常量)作为实参进行参数传递，为双向地址传递。在主函数中调用了 fun 函数，实参为数组名 k 和整数 5，数组名为数组的首地址，因此与形参数组 a 占用同一存储单元。在 fun 函数中改变数组 a 中元素的值，也就改变了数组 k 中的值，数组 k 的值最终变为{5,4,3,2,1,6,7,8,9,10}。因此，答案为 D。

11．有以下程序：

```
#include <stdio.h>
int f(int x)
{   int y;
    if(x==0||x==1) return (3);
    y=x*x-f(x-2);
    return y;
}
```

```
void main()
{    int z;
     z=f(3); printf("%d\n",z);
}
```

程序的运行结果是(　　)。

　　A．0　　　　　　B．9　　　　　　C．6　　　　　　D．8

解析　本题考查的是函数的递归调用问题。在主函数中调用 f 函数，实参 3 传递给形参 x，程序的运行转到 f 函数，由于不满足 if 语句的条件，因此执行 y=x*x-f(x-2);语句。此时，递归调用 f 函数，实参为 x-2，即 1，传递给形参 x，满足 if 语句的条件，因此执行 return(3);语句，即返回值 3 到调用处，回溯到 y=x*x-f(x-2);即 y=3*3-3=6。因此，答案为 C。

12．在 C 语言中，只有在使用时才占用内存单元的变量，其存储类型是(　　)。

　　A．auto 和 register　　　　　　　　B．extern 和 register
　　C．auto 和 static　　　　　　　　　D．static 和 register

解析　本题考查的是变量的存储类型问题。C 语言中 auto 类型的变量存放在动态存储区，使用时才给其分配存储单元，用完之后释放相应的存储单元。static 和 extern 类型的变量存放在静态存储区。在程序执行过程中，它们占用固定的存储单元，而不是动态地进行分配和释放。register 类型的变量存放在中央处理器的寄存器中，用时直接从寄存器中取出运算，不必存入内存。因此，答案为 A。

13．有以下程序：

```
#include <stdio.h>
#include <string.h>
#define N 5
void f(char p[][10], int n )   /*字符串从小到大排序*/
{   char t[10];      int i,j;
    for(i=0;i<N-1;i++)
        for(j=i+1;j<N;j++)
            if(strcmp(p[i],p[j])>0)
            {  strcpy(t,p[i]);   strcpy(p[i],p[j]);
               strcpy(p[j],t);   }
}
void main()
{   char p[5][10]={"abc","aabdfg","abbd","dcdbe","cd"};
    f(p,5);
    printf("%d\n",strlen(p[0]));
}
```

程序的运行结果是(　　)。

　　A．2　　　　　　B．4　　　　　　C．6　　　　　　D．3

解析　本题考查的是函数与字符数组问题。在主函数中调用 f 函数，实参为数组名 p，表示传递数组的首元素的地址给形参 p，即主函数中的数组 p 与 f 函数中的数组 p 占用同一存储单元。改变 f 函数中的数组 p 的值就相当于改变主函数中的数组 p 的值，在 f 函数中通过双层循环实现了对字符数组的从小到大排序，即执行完 f(p,5);后，数组 p 的值变为 {"aabdfg","abbd","abc","cd","dcdbe"}。因此，答案为 C。

14. 下列程序的输出结果是(　　)。

```
void fun(int a, int b, int c)
{   a=456;
    b=567;
    c=678;
}
void main()
{   int x=10,y=20,z=30;
    fun(x,y,z);
    printf("%d,%d,%d\n",z,y,x);
}
```

  A．30,20,10　　　　B．10,20,30　　　　C．456567678　　D．678567456

解析　本题考查的是函数参数传递问题。函数实参和形参之间进行参数传递，分为单向的值传递和双向的地址传递。本题中实参和形参为普通变量，因此是单向的值传递，即实参 x、y、z 影响实参 a、b、c 的值，反过来实参 a、b、c 不影响实参 x、y、z 的值。因此，答案为 A。

15．C语言中函数调用的方式有(　　)。

  A．函数调用作为语句一种

  B．函数调用作为函数表达式一种

  C．函数调用作为语句或函数表达式两种

  D．函数调用作为语句、函数表达式或函数参数三种

解析　本题考查的是函数调用问题。函数调用的方式有函数调用语句、函数表达式和作为其他函数的参数 3 种。因此，答案为 D。

16．在 C 语言中，函数值类型的定义可以省略，此时函数值的隐含类型是(　　)。

  A．void　　　　　　B．int　　　　　　C．float　　　　　　D．double

解析　本题考查的是函数定义问题。在 C 语言中，定义函数时函数返回值的类型可以省略，此时函数值的隐含类型是 int。因此，答案为 B。

17．在 C 语言的函数调用过程中，如果函数 funA 调用了函数 funB，函数 funB 又调用了函数 funA，则(　　)。

  A．称为函数的直接递归　　　　　　　　B．称为函数的间接递归

  C．称为函数的递归定义　　　　　　　　D．C 语言中不允许这样的递归形式

解析　本题考查的是函数递归调用问题。函数调用过程中，如果函数 funA 调用了其自身，称为函数的直接递归；如果函数 funA 调用了函数 funB，函数 funB 又调用了函数 funA，则称为函数的间接递归。因此，答案为 B。

18．若用数组名作为函数的实参，则传递给形参的是(　　)。

  A．数组的首地址　　　　　　　　　　　B．数组第一个元素的值

  C．数组中全部元素的值　　　　　　　　D．数组元素的个数

解析　本题考查的是数组和函数问题。在 C 语言中，数组名表示地址常量，因此作为函数的实参传递给形参的是数组的首地址。因此，答案为 A。

19. C语言函数内定义的局部变量的隐含存储类型是( )。
    A．static   B．auto   C．register   D．extern

解析 本题考查的是变量的存储类型问题。变量的存储类型有 static、auto、register 和 extern 四种，默认的存储类型为 auto。因此，答案为 B。

二、填空题

1. 下列 isprime 函数的功能是判断形参 a 是否为素数，是素数，函数返回 1，否则返回 0。请填空。

```
int isprime(int a)
{   int i;
    for(i=2;i<=a/2;i++)
        if(a%i==0) _____;
    _____;
}
```

解析 本题考查的是素数问题。本题要求判断形参 a 是否为素数，是素数，函数返回 1。循环体中条件 a%i==0 一旦成立，则表明 a 能够被 i 整除，可判断其不是素数，因此，此处需填表示返回 0 的语句，即 return 0。若循环结束，执行下一条语句，则表明条件 a%i==0 不成立，可判断其为素数，函数返回 1。因此，答案为 return 1。

2. 以下程序的输出结果是_____。

```
#include <stdio.h>
#define N 5
int fun(int x)
{   static int t=0;
    return(t+=x);
}
void main()
{   int s,i;
    for(i=1;i<=5;i++)
        s=fun(i);
    printf("%d\n",s);
}
```

解析 本题考查的是静态变量问题。静态变量的特点是其值存储在静态存储区，用过之后所占用空间不释放，直到程序运行结束。在程序运行中，静态变量只初始化一次。当每一次调用函数 fun 时，静态变量 t 的值不会消失。主函数 5 次调用了函数 fun，s 的值为 1+2+3+4+5=15。因此，答案为 15。

3. 下列程序的输出结果是_____。

```
#include <stdio.h>
void fun(int x)
{   if(x/2>0) fun(x/2);
    printf("%d,",x);
```

```
    }
    void main()
    {   fun(3); printf("\n");}
```

解析 本题考查的是函数的递归调用问题。在主函数中调用 fun 函数，实参 3 传给形参 x，程序的运行转到 fun 函数，由于满足 if 语句的条件，因此执行 fun(x/2);语句，这是递归调用 fun 函数，实参为 x/2 即 1，再传给形参 x，由于不满足 if 语句的条件，因此执行下一条语句，即输出整数 1，回溯到 fun(3)处输出整数 3。因此，答案为 1,3。

4. 下列程序的功能是通过函数 func 输入字符并统计输入字符的个数，输入时用字符 @作为结束标志。请填空。

```
#include <stdio.h>
long_____;
void main()
{   long n;
    n=func();   printf("n=%ld\n",n);
}
long func()
{   long m;
    for(m=0; getchar()!='@'; _____);
        return m;
}
```

解析 本题考查的是函数声明问题。C 语言规定，若函数调用在先定义在后时，需事先声明。声明格式就是在函数定义的首行末尾加上分号，因此，第一个空应填 func();。for 循环中每输入一个不为@的字符，执行空语句之后，m 加上 1，直到输入字符@，因此，第二个空应填 m++。

5. 从函数的形式上看，函数分为无参函数和_____两种类型。

解析 本题考查的是函数定义问题。从函数的形式上看，函数分为无参函数和有参函数两种类型。因此，答案为有参函数。

6. 函数调用语句 func((e1,e2),(e3,e4,e5))中含有_____个实参。

解析 本题考查的是函数参数问题。C 语言中函数的多个参数之间用逗号进行分隔，所以本题中含有 2 个实参，第一个实参为(e1,e2)，第二个实参为(e3,e4,e5)。因此，答案为 2。

7. 函数调用时的实参和形参之间的数据是单向的_____传递。

解析 本题考查的是函数参数问题。函数实参和形参之间进行参数传递分为单向的值传递和双向的地址传递。因此，答案为值。

8. 若在程序中用到 strlen()函数时，应在程序开头写上包含命令# include "_____"。

解析 本题考查的是字符串函数问题。C 语言中字符串函数包含在 string.h 这个头文件中。因此，答案为 string.h。

9. 函数的_____调用是一个函数直接或间接地调用它自身。

解析 本题考查的是函数调用问题。函数的递归调用是一个函数直接或间接地调用它自身。因此，答案为递归。

三、编程题

1. 定义两个函数，分别求出两个整数的最大公约数和最小公倍数。要求用户从主函数中输入两个整数并调用这两个函数。

解

```c
#include <stdio.h>
int gcd(int a,int b)                              /*函数定义*/
{   int r;
    r=a%b;
    while (r!=0)
    { a=b; b=r; r=a%b; }
    return b;                                      /*用辗转相除法求最大公约数*/
}
int lcm(int a,int b)
{
    return(a*b/gcd(a,b));                          /*求两个数的最小公倍数*/
}
void void main()
{   int a,b;
    scanf("%d%d",&a,&b);
    printf("gcd{%d,%d}=%d\n",a,b,gcd(a,b));        /*输出最大公约数*/
    printf("lcm{%d,%d}=%d\n",a,b,lcm(a,b));        /*输出最小公倍数*/
}
```

2. 从键盘为一个 3×4 整型数组输入数据，找出其中的最大值及其下标，并显示出来。要求在主程序中输入数据并显示结果，在函数中寻找最大值及其下标，并利用全局变量将最大值及其下标传递给主程序。

解

```c
#include <stdio.h>
int row=0,col=0;                                   /*定义全局变量存放最大值下标*/
int max_value(int array[][4]);                     /*函数声明*/
void main()
{
    int a[3][4],max,i,j;
    for(i=0;i<3;i++)
        for(j=0;j<4;j++)
            scanf("%d ",a[i][j]);                  /*为3×4 整型数组赋值*/
    max=max_value(a);                              /*调用函数求最大值*/
    printf("Max value is %d,%d,%d\n",max,row,col); /*输出最大值及其下标*/
}
int max_value(int array[][4])                      /*函数定义*/
{   int i,j,max;
```

```
        max=array[0][0];
        for(i=0;i<3;i++)
            for(j=0;j<4;j++)
                if(array[i][j]>max)
                    {max=array[i][j];row=i;col=j;}     /*求最大值及其下标*/
        return (max);                                   /*返回最大值*/
    }
```

3. 在主函数中输入两个字符串，定义一个函数将第二个字符串连接到第一个字符串的后面，构成一个新字符串。要求不使用 strcat 函数。

解

```
#include <stdio.h>
#define SIZE 80
void mystrcat(char s1[],char s2[]);          /*函数声明*/
void main()
{
    char str1[SIZE+SIZE],str2[SIZE];
    gets(str1);                              /*输入第一个字符串*/
    gets(str2);                              /*输入第二个字符串*/
    mystrcat(str1,str2);                     /*调用函数连接两个字符串*/
    puts(str1);                              /*输出连接好的字符串*/
}
void mystrcat(char s1[],char s2[])           /*函数定义*/
{   int i=0,j=0;
    while(s1[i]!='\0')  i++;                 /*找到第一个字符串的尾端*/
    while(s2[j]!='\0')
    {
        s1[i]=s2[j];
        i++;
        j++;                /*将第二个字符串连接到第一个字符串尾端*/
    }
    s1[i]='\0';             /*在连接好的字符串的尾端加上结束标志*/
}
```

4. 在主函数中输入一个整数，再定义一个函数 f，将一组已经按升序排好的整数读入整型数组中，并将输入的整数插入数组中，使得数组依旧保持升序排列，最后输出插入后的数组。

解

```
#include <stdio.h>
#define SIZE 10
void f(int a1[],int n);                      /*函数声明*/
void void main()
{
```

```
        int a[SIZE+1],m;
        scanf("%d",&m);                          /*输入一个整数*/
        f(a,m);                                  /*调用函数 f*/
}
void f(int a1[],int n)
{   int i,j;
    for(i=0;i<SIZE;i++)
        a1[i]=i*2+1;                             /*为数组赋有序的值*/
    for(i=0;i<SIZE;i++)
        if(n<a1[i])
        {
            for(j=SIZE;j>=i;j--)
                a1[j]=a1[j-1];
            break;       /*找到应该插入的位置,将其右侧的元素依次向右移动一个元素*/
        }
    a1[i]=n;                                     /*插入输入的整数*/
    for(i=0;i<SIZE+1;i++)
        printf("%d",a1[i]);                      /*输出插入好的数组元素*/
}
```

4.8 指　　针

一、选择题

1. 若有定义语句：float x;，则下列对指针变量 p 进行定义且赋初值的语句中正确的是（　　）。

  A．float *p=1024;　　　　　　　　B．int　*p=(float x);
  C．float p=&x;　　　　　　　　　　D．float *P=&x;

解析　本题考查的是指针变量的定义及初始化问题。指针就是地址，应将地址常量(指针常量)赋给指针变量。因此，答案为 D。

2. 若有定义语句：double x[5]={1.0, 2.0, 3.0, 4.0, 5.0},*p=x;，则引用 x 数组元素错误的是（　　）。

  A．*p　　　　　　　　　　　　　　B．x[5]
  C．*(p+1)　　　　　　　　　　　　D．*x

解析　本题考查的是数组的下标是否越界，以及通过指针引用变量的问题。选项 B 中，x[5]下标越界。一维数组名是地址常量(数组首地址)，始终指向第一个数组元素，进行赋值 p=x，指针变量 p 也指向第一个数组元素，如图 4.1 所示。

第四部分　习题解析

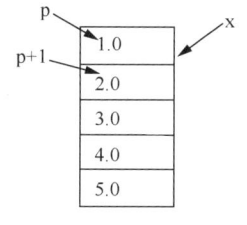

图 4.1

选项 A 中，*p 表示 p 所指向单元的数据，即 x[0]中的值 1.0。选项 C 中，*(p+1)表示 p+1 所指向单元的数据，即 x[1]中的值 2.0。选项 D 中，*x 表示 x 所指向单元的数据，即 x[0]中的值 1.0。因此，答案为 B。

3．有以下程序：

```
#include <stdio.h>
void main()
{   int a[ ]={1,2,3,4},y,*p=&a[3];
    --p; y=*p; printf("y=%d\n",y);
}
```

程序的运行结果是（　　）。

　　A．y=0　　　　　　B．y=1　　　　　　C．y=2　　　　　　D．y=3

解析　本题考查的是数组及指针问题。指针 p 首先指向数组的最后一个元素，执行--p；语句后，p 向前移动一个元素，即指向数组的倒数第二个元素，然后输出 p 所指向的元素的值。因此，答案为 D。

4．有以下函数：

```
int aaa(char *s )
{   char *t=s ;
    while(*t++) ;
    t--;
    return(t-s) ;
}
```

下列关于 aaa 函数功能的叙述中正确的是(　　)。

　　A．求字符串 s 的长度　　　　　　　　B．比较两个字符串的大小
　　C．将字符串 s 复制到字符串 t　　　　D．求字符串 s 所占字节数

解析　本题考查的是指针问题。首先指针 t 指向字符指针 s，while(*t++)循环表示指针 t 若没有指向字符串结束标志'\0'，就一直向后移动，当 t 指向'\0'时，循环结束，执行 t--;语句后，指针 t 指向字符串中的最后一个字符，而指针 s 指向第一个元素，因此 t-s 表示字符串 s 的长度。因此，答案为 A。

5．有以下程序段：

```
char s[20]= "Beijing",*p;
p=s;
```

执行 p=s;语句后，下列叙述中正确的是(   )。
A．可以用*p 表示 s[0]
B．s 数组中元素的个数和 p 所指字符串的长度相等
C．s 和 p 都是指针变量
D．数组 s 中的内容和指针变量 p 中的内容相等

解析　本题考查的是指针及数组问题。执行 p=s;语句后表明 p 指向数组的首元素，即可以用*p 表示 s[0]，选项 A 正确。s 数组中元素的个数为 20，而 p 所指字符串的长度为 6，选项 B 错误。s 为指针常量，p 为指针变量，选项 C 错误。数组 s 中的内容和指针变量 p 中的内容不相等，选项 D 错误。因此，答案为 A。

6．有以下程序：

```
#include <stdio.h>
void fun(int *s,int n1,int n2)
{   int i,j,t;
    i=n1; j=n2;
    while(i<j) {t=s[i];s[i]=s[j];s[j]=t;i++;j--;}
}
void main()
{   int a[10]={1,2,3,4,5,6,7,8,9,0},k;
    fun(a,0,3); fun(a,4,9); fun(a,0,9);
    for(k=0;k<10;k++)
        printf("%d",a[k]);
    printf("\n");
}
```

程序的运行结果是(   )。
A．0987654321　　B．4321098765　　C．5678901234　　D．0987651234

解析　本题考查的是数组及指针问题。数组名作为函数参数实现双向地址传递，即 a 和 s 占用相同的存储单元。fun 函数的功能是将 n1～n2 范围内的数组元素顺序颠倒，fun(a,0,3);语句表示将 a[0]和 a[3]之间的数组元素顺序颠倒变为 4、3、2、1；fun(a,4,9);语句表示将 a[4]和 a[9]之间的数组元素顺序颠倒变为 0、9、8、7、6、5。fun(a,0,9);语句表示将 a[0]和 a[9]之间的数组元素顺序颠倒变为 5、6、7、8、9、0、1、2、3、4。因此，答案为 C。

7．有以下程序：

```
#include <stdio.h>
void main()
{   char ch[]="uvwxyz",*pc;
    pc=ch; printf("%c\n",*(pc+5));
}
```

程序的运行结果是(   )。
A．z　　　　　　　　　　　　　　　　B．0
C．元素 ch[5]的地址　　　　　　　　　D．字符 y 的地址

解析 本题考查的是指针及字符数组问题。执行 pc=ch;语句后,指针 pc 指向字符数组的首元素,pc+5 表示将指针相对向后移动 5 个元素,*(pc+5)表示第 5 个元素的值。因此,答案为 A。

8. 有以下程序:

```
#include <stdio.h>
#include <stdlib.h>
int fun(int n)
{   int *p;
    p=(int *)malloc(sizeof(int));
    *p=n; return *p;
}
void main()
{
    int a;
    a=fun(10);
    printf("%d\n",a+fun(10));
}
```

程序的运行结果是( )。

A. 0　　　　　　B. 10　　　　　　C. 20　　　　　　D. 出错

解析 本题考查的是函数的调用及指针问题。在主函数中调用 fun 函数,将实参 10 传递给形参 n,为单向值传递。在 fun 函数中定义了指针变量 p,并用 malloc 函数给 p 分配了存储空间,然后把 n 值保存在 p 所指向的存储单元,并将该值返回主函数。因此,调用 fun(10) 的返回值为 10,a 的值也为 10。因此,答案为 C。

9. 有以下程序:

```
#include <stdio.h>
int fun(int (*s)[4],int n,int k)
{
    int m,i;
    m=s[0][k];
    for(i=0;i<n;i++)
        if(s[i][k]>m)
            m=s[i][k];
    return m;
}
void main()
{   int a[4][4]={{1,2,3,4},{11,12,13,14},{21,22,23,24},{31,32,33,34}};
    printf("%d\n",fun(a,4,0));
}
```

程序的运行结果是( )。

A. 4　　　　　　B. 34　　　　　　C. 31　　　　　　D. 32

解析 本题考查的是二维数组名作为实参进行参数传递的问题。在主函数中调用了 fun 函数,实参为二维数组名 a(行指针)和两个整数 4、0,接收二维数组名的形参 s,其类型应定义为行指针 int (*s)[4]。fun 函数对 s[i][j]进行的操作实际上就是对主函数 a[i][j]进行的操作，fun 函数的作用是求二维数组第 0 列中的最大元素。因此，答案为 C。

10．有以下程序：

```c
#include <stdio.h>
void fun(int * a, int  n)  /* fun 函数的功能是将 a 所指数组的元素从大到小排序 */
{   int t, i, j;
    for(i=0; i<n-1;i++)
       for(j=i+1; j<n; j++)
          if(a[i]<a[j]) { t=a[i]; a[i]=a[j]; a[j]=t;}
}
void main()
{   int c[10]={1,2,3,4,5,6,7,8,9,0},i;
    fun(c+4, 6);
    for(i=0;i<10; i++)
       printf("%d,", c[i]);
    printf("\n");
}
```

程序的运行结果是(　　)。

　　A．1,2,3,4,5,6,7,8,9,0,　　　　　　　　B．0,9,8,7,6,5,1,2,3,4,
　　C．0,9,8,7,6,5,4,3,2,1,　　　　　　　　D．1,2,3,4,9,8,7,6,5,0,

解析　本题考查的是数组名作为函数参数的问题。在主函数中调用了 fun 函数，c+4 作为实参将数组的第 4 个元素的地址传递给形参指针 a，即在 fun 函数中改变 a 数组元素的值，相当于改变 c 数组中的元素的值，而 fun 函数的功能是将 a 所指数组元素从大到小排序，即从第 4 个元素开始对数组进行排序。因此，答案为 D。

11．有以下程序：

```c
#include <stdio.h>
void fun(char *a,char *b)
{   while(*a=='*') a++;
    while(*b=*a) {b++;a++;}
}
void main()
{   char *s="****a*b****",t[80];
    fun(s,t); puts(t);
}
```

程序的运行结果是(　　)。

　　A．*****a*b　　　　B．a*b　　　　C．a*b****　　　　D．ab

解析　本题考查的是指针作为函数的参数问题。s 为指针，t 为数组名，均表示将地址传递给形参 a 和 b，因此，是双向的地址传递。在 fun 函数中，第一个循环表示找到字符串中第一个不是*的字符，第二个循环将 a 所指向的元素赋值给 b 所指向的元素，即将 s 中第一个不是*的字符之后的所有元素都赋值给数组 t。本题需要注意的是赋值号与等号的区别，第二个循环的条件是赋值语句，而不是比较语句。因此，答案为 C。

12. 若有定义语句：int(*f)(int);，则下列叙述中正确的是( )。

　　A．f 是基类型为 int 的指针变量

　　B．f 是指向函数的指针变量，该函数具有一个 int 类型的形参

　　C．f 是指向 int 类型一维数组的指针变量

　　D．f 是函数名，该函数的返回值是基类型为 int 类型的地址

解析　本题考查的是指向函数的指针变量的定义问题。本题容易和 int *f(int);混淆，int *f[4];和 int (*f)[4];也易混淆。解决此类问题最简单的方式是根据优先级来判断，即先括号内再括号外。f 为一个指针变量，再看后面 f 指向的是一个函数，这个函数具有一个 int 类型的形参，返回值为 int 类型的数据。而 int *f(int);表明 f 是一个函数名，该函数的返回值是一个指向 int 类型的指针。因此，答案为 B。

13. 有以下程序：

```
#include <stdio.h>
void fun(char **p)
{   ++p;
    printf("%s\n",*p);
}
void main()
{   char *a[]={"Morning", "Afternoon", "Evening","Night"};
    fun( a );
}
```

程序的运行结果是( )。

　　A．Afternoon　　　B．fternoon　　　C．Morning　　D．orning

解析　本题考查的是指针数组及指向指针的指针问题。a 为指针数组名，作为实参传递给形参 p，使得 p 指向数组的首元素，执行++p;之后，指针向后移动一个元素，*p 为其所指向的元素，以%s 格式输出，则输出 Afternoon。因此，答案为 A。

14. 有以下程序：

```
#include <stdio.h>
void f(int *q)
{   int i=0;
    for( ; i<5;i++)
        (*q)++;
}
void main()
{   int a[5]={1,2,3,4,5},i;
    f(a);
    for(i=0;i<5;i++)
        printf("%d,",a[i]);
}
```

程序的运行结果是( )。

　　A．2,2,3,4,5,　　　B．6,2,3,4,5,　　　C．1,2,3,4,5,　　D．2,3,4,5,6,

解析　本题考查的是指针作为函数的参数及优先级问题。a 为实参传递给指针 p，f 函

数的功能是将数组的第一个元素的值加 5。本题的关键是要注意(*q)++;语句,根据优先级应该先计算*q,后计算++,即把 q 所指向的元素加 1。因此,答案为 B。

15. 有以下程序:

```
#include <stdio.h>
void f(int n, int *r)
{   int r1=0;
    if(n%3==0)
        r1=n/3;
    else if(n%5==0)
        r1=n/5;
    else
        f(--n,&r1);
    *r=r1;
}
void main()
{   int m=7,r;
    f(m,&r);    printf("%d\n",r);
}
```

程序的运行结果是(   )。
A. 2   B. 1   C. 3   D. 0

解析 本题考查的是指针及递归调用问题。首先调用 f(7,&r),然后递归调用 f(--n,&r1),即 f(6,&r1),当 n 为 6 时,满足条件 n%3==0,执行 r1=n/3;,r 所指向的值为 2。因此,答案为 A。

16. 若有定义:char *s1="hello",*s2;s2=s1;,则(   )。
A. s2 指向不确定的内存单元   B. 不能访问"hello"
C. puts(s1);与 puts(s2);结果相同   D. s1 不能再指向其他单元

解析 本题考查的是指针问题。通过语句 s2=s1;使得 s2 指向 s1 所指向的字符串"hello"。因此,答案为 C。

17. 变量的指针,其含义是指该变量的(   )。
A. 值   B. 地址   C. 名   D. 一个标志

解析 本题考查的是指针问题。指针就是地址。因此,答案为 B。

18. 若有定义:int a[10],*p=a;,则 p+5 表示(   )。
A. 元素 a[5]的地址   B. 元素 a[5]的值
C. 元素 a[6]的地址   D. 元素 a[6]的值

解析 本题考查的是指针和数组问题。指针变量 p 指向数组首元素 a[0],p+5 则表示数组元素 a[5]的地址。因此,答案为 A。

19. 若有定义:char h,*s=&h;,则可将字符 H 通过指针存入变量 h 中的语句是(   )。
A. *s=H;   B. *s='H';   C. s=H;   D. s='H'

解析 本题考查的是指针与普通变量问题。*s 等价与 h。因此,答案为 B。

第四部分　习题解析

二、填空题

1．下列程序的输出结果是_____。

```
#include <stdio.h>
void main()
{   int a[5]={2,4,6,8,10}, *p;
    p=a; p++;
    printf("%d",*p);
}
```

解析　本题考查的是指针问题。指针 p 的值为数组名 a，即 p 指向数组的首元素，执行 p++;后，p 向后移动一个元素，再输出 p 所指向元素的值。因此，答案为 4。

2．下列程序的功能是利用指针指向 3 个整型变量，并通过指针运算找出 3 个数中的最大值，并输出到屏幕上。请填空。

```
#include <stdio.h>
void main()
{   int x,y,z,max,*px,*py,*pz,*pmax;
    scanf("%d%d%d",&x,&y,&z);
    px=&x;
    py=&y;
    pz=&z;
    pmax=&max;
    _____
    if(*pmax<*py) *pmax=*py;
    if(*pmax<*pz) *pmax=*pz;
    printf("max=%d\n",max);
}
```

解析　本题考查的是指针问题。主函数中 px 指向变量 x，py 指向变量 y，pz 指向变量 z，pmax 指向变量 max，后面两条 if 语句实现最大值和变量 y 及 z 的比较，空白处应该为 max 与变量 x 的比较。因此，答案为 if(*pmax<*px) *pmax=*px(或 if(*pmax<*px) *pmax=x)。

3．下列程序中，x[1]的初值是_____，程序的运行结果是_____。

```
#include <stdio.h>
void main()
{   int x[]={1,2,3,4,5,6,7,8,9,10,11,12,13,14,15,16},*p[4],i;
    for(i=0;i<4;i++)
    {   p[i]=&x[2*i+1];
        printf("%d,",p[i][0]);
    }
    printf("\n");
}
```

解析　本题考查的是数组及指针数组问题。由于数组的下标从 0 开始，因此，x[1]的初值是 2。p 为指针数组，它由 4 个指向整型数据的指针组成，for 循环对指针数组赋值，并输出其所指向的数组元素的值，因此，程序运行后的输出内容是 2,4,6,8,。

143

4. 下列程序的输出结果是_____。

```
#include <stdio.h>
#define N 5
int fun(int *s,int a,int n)
{   int j;
    *s=a;j=n;
    while(a!=s[j]) j--;
    return j;
}
void main()
{   int s[N+1]; int k;
    for(k=1;k<=N;k++)
        s[k]=k+1;
    printf("%d\n",fun(s,4,N));
}
```

解析 本题考查的是指针及数组名作为函数参数的问题。主函数中 for 循环给数组 s 赋值为{0,2,3,4,5,6}，调用函数 fun(s,4,N)把 s[0]重新赋值为 4，然后从数组元素 s[5]由后往前一一与 s[0]比较，直到 s[0]与 s[j]相等，即 a!=s[j]值为假，结束 while 循环，返回此时 j 的值。显然，当 j 为 3 时，s[3]的值为 4，与 s[0]相等。因此，答案为 3。

5. 下列程序的输出结果是_____。

```
#include <stdio.h>
void swap(int *a,int *b)
{   int *t;
    t=a; a=b; b=t;
}
void main()
{   int i=3,j=5,*p=&i,*q=&j;
    swap(p,q); printf("%d %d\n",*p,*q);
}
```

解析 本题考查的是指针及函数参数问题。首先指针 p 指向变量 i，指针 q 指向变量 j，调用 swap 函数后，使得 a 指向变量 i，b 指向变量 j。需要注意的是，在 swap 函数中只是将指针 a 和指针 b 的值对换，即使得 b 指向变量 i，a 指向变量 j，指针 p 和 q 的指向并没有变，而主函数中输出的是指针 p 和 q 所指向的值。因此，答案为 3 5。

6. 若有定义和语句：int a[5]={1,3,5,7,9},*p; p=&a[2];，则++(*p)的值是_____。

解析 本题考查的是指针及数组问题。通过p=&a[2];语句使得p指向数组元素a[2]，a[2]的值为5，表达式++(*p)根据优先级和结合性先计算出(*p)的值为5，则表达式++(*p)的值为6。因此，答案为6。

7. 将数组 a 的首地址赋给指针变量 p 的语句是_____。

解析 本题考查的是指针及数组问题。C语言中数组名表示地址常量，因此将数组a的首地址赋给指针变量p的语句是p=a;。因此，答案为p=a;或p=&a[0];。

第四部分 习题解析

三、编程题

1. 从键盘输入 10 名学生的成绩，显示其中的最高分、最低分及平均成绩。要求利用指针编写程序。

解

```
#include <stdio.h>
#define N 10                             /*定义符号常量*/
void void main()
{   float a[N],*p,max,min,sum=0,ave;    /*定义变量*/
    int i;
    for(p=a;p<a+N;p++)                  /*从键盘输入10名学生的成绩*/
      scanf("%f",p);
    p=a;max=*p;min=*p;
    for(;p<a+N;p++)
    { sum+=*p;
      if(*p>max) max=*p;
      if(*p<min) min=*p;
    }                                   /*求最高分、最低分及总成绩*/
    ave=sum/N;                          /*求平均成绩*/
    printf("max is%f min is%f average is%f \n", max,min,ave);
}
```

2. 有一个字符串 s1，包含 m 个字符。自定义一个函数，将此字符串中前 n 个字符连接到另一个字符串 s2 的尾端。要求利用指针编写程序。

解

```
#include <stdio.h>
#define M 20                            /*定义符号常量*/
mystrcat(char *s,char *t,int n)         /*函数定义*/
{
    int k;
    if(*s!='\0')
        while(*++s);                    /*将指针定位到字符串s2的尾端*/
    for(k=0;k<=n-1 && *t!='\0';k++)
        *s++=*t++;                      /*字符串s1前n个字符连接到字符串s2的尾端*/
    *s='\0';                            /*给字符串s2加结束标志*/
}
void main()
{   char s1[M]={"a program."} ,s2[M+M]={"this is "};
    int n;
    scanf("%d",&n);                     /*输出一个整数n*/
    mystrcat(s2,s1,n);                  /*函数调用*/
    printf("%s\n",s2);                  /*输出连接后的字符串s2的值*/
}
```

3．输入一个包含数字和非数字字符的字符串，如 a123x456 7960？302tb5876，将其中连续的数字作为一个整数，依次存放到数组 b 中。例如，123 放入 a[0]，456 放入 a[1]，依此类推，统计共有多少个整数，并输出这些数。要求利用指针编写程序。

解

```c
#include <stdio.h>
void void main()
{
    char a[80],*p=a;
    int b[80]={0},i=0,j=0,x=0;   /*变量定义，并给数组 b 中的所有元素初始化为 0*/
    printf("请输入一串字符\n");
    gets(a);                      /*输入字符串 a*/
    for(p=a;(*p)!='\0';p++)       /*对字符串中的所有字符依次进行判断*/
    {
        if(((*p)>='0')&&((*p)<='9'))   /*判断是否为数字字符*/
        {
            if(x==0)
                /*判断第一个是否为数字字符，如果是则赋值给数组 b，同时将 x 赋值为 1*/
            {
                b[i]=(*p)- '0';
                i++;
            }
            else /*如果判断为连续数字字符，则转换成整数赋值给数组 b 的前一个元素*/
                b[i-1]=b[i-1]*10+(*p)- '0';
            x=1;
        }
        else
            x=0;
    }
    for(j=0;b[j]!=0;j++)    /*将数组 b 中不为 0 的数据输出*/
        printf("%d ",b[j]);
    printf("共有%d 个",j);   /*输出得到的数据的个数*/
}
```

4.9 结构体和链表

一、选择题

1．下列关于结构体类型说明和变量定义中正确的是(　　)。

　　A．typedef struct
　　　　{int n; char c;}REC;
　　　　REC t1,t2;

B. struct REC;
   {int n; char c;};
   REC t1,t2;
C. typedef struct REC ;
   {int n=0; char c='A';}t1,t2;
D. struct
   {int n;char c;}REC t1,t2;

解析 本题考查的是结构体变量定义及 typedef 的使用问题。typedef 声明了新的结构体类型名 REC，并定义了两个变量 t1、t2，所以选项 A 正确。选项 B、C、D 均不符合结构体定义的格式。因此，答案为 A。

2. 有以下程序：

```
#include <stdio.h>
struct st
{   int x,y;
} data[2]={1,10,2,20};
void main()
{   struct st *p=data;
    printf("%d,",p->y);
    printf("%d\n",(++p)->x);
}
```

程序的运行结果是(   )。

A. 10,1　　　　B. 20,1　　　　C. 10,2　　　　D. 20,2

解析 本题考查的是结构体成员的引用问题。在主函数中，把一维数组名 data 赋给了指针变量 p，则 p 指向数组元素 data[0]，并且每一个数组元素含有两个成员 x 和 y，所以表达式 p->y 是引用 data[0]的成员 y，即为 10。(++p)->x 是先让指针值自增，指向 data[1]，再引用 data[1]的成员 x，即为 2。因此，答案为 C。

3. 有以下程序：

```
#include <stdio.h>
void main ()
{   struct STU
    {   char name[9]; char sex; double score[2];
    };
    struct STU a={"Zhao",'m',85.0,90.0}, b={"Qian",'f',95.0,92.0};
    b=a;
    printf("%s,%c,%2.0f,%2.0f\n",b.name,b.sex,b.score[0],b.score[1]);
}
```

程序的运行结果是(   )。

A. Qian,f,95,92　　　　　　　　B. Qian,m,85,90
C. Zhao,f,95,9　　　　　　　　 D. Zhao,m,85,90

解析 本题考查的是结构体变量初始化以及成员的引用问题。C 语言规定同类型的结构体变量可以直接赋值，如本题中的 b=a;，实际上两个同类型结构体变量的赋值是对应成员的赋值。因此，答案为 D。

4．有以下程序：

```c
#include <stdio.h>
#include <string.h>
typedef struct
{   char name[9];
    char sex;
    float score[2];
} STU;
void f( STU a)
{   STU b={"Zhao",'m',85.0,90.0} ; int i;
    strcpy(a.name,b.name);
    a.sex=b.sex;
    for(i=0;i<2;i++)  a.score[i]=b.score[i];
}
void main()
{   STU c={"Qian",'f',95.0,92.0};
    f(c);
    printf("%s,%c,%2.0f,%2.0f\n",c.name,c.sex,c.score[0],c.score[1]);
}
```

程序的运行结果是(　　)。

　　A．Qian,f,95,92　　　　　　　　　B．Qian,m,85,90
　　C．Zhao,f,95,92　　　　　　　　　D．Zhao,m,85,90

解析 本题考查的是结构体变量作为参数传递的问题。将结构体变量 c 作为实参传递给形参 a，实现单向值传递，f 函数的功能是将结构体变量 b 的值赋给结构体变量 a，但结构体变量 a 和 c 并不占用相同的存储空间。因此，答案为 A。

5．下列关于 typedef 的叙述中错误的是(　　)。

　　A．用 typedef 可以增加新类型
　　B．typedef 只是将已存在的类型用一个新的名字来代表
　　C．用 typedef 可以为各种类型说明一个新名，但不能用来为变量说明一个新名
　　D．用 typedef 为类型说明一个新名，通常可以增加程序的可读性

解析 本题考查的是 typedef 的使用问题。typedef 可以为已有的类型说明一个新名，不可以增加新类型，不能用来为变量说明一个新名，可以增加程序的可读性，所以选项 B、C、D 正确。因此，答案为 A。

6．有以下程序：

```c
#include <stdio.h>
struct tt
{   int x;
    struct tt *y;
} *p;
```

```
struct tt    a[4]={20,a+1,15,a +2 ,30,a+3,17,a};
void main()
{   int   i;
    p=a;
    for(i=1; i<= 2 ; i++)
    { printf("%d,", p->x );    p=p->y;     }
}
```

程序的运行结果是(   )。

　　A．20,30,　　　　　B．30,17,　　　　　C．15,30,　　　　　D．20,15,

解析　本题考查的是利用结构体指针访问结构体成员的问题。本题中的一个结构体成员是指向该结构体类型的指针变量 y。在主函数中，结构体指针 p 指向结构体数组 a 的首元素，并通过循环输出前两个元素 x 成员的值。注意，p=p->y 的含义是将 a[0]的 y 成员的值 a+1 赋给 p，即 p 指向 a[1]。因此，答案为 D。

7．设有以下定义：

```
union data
{   int    d1;
    float d2;
} demo;
```

则下列叙述中错误的是(   )。

　　A．变量 demo 与成员 d2 所占的内存字节数相同

　　B．变量 demo 中各成员的地址相同

　　C．变量 demo 和各成员的地址相同

　　D．若给 demo.d1 赋 99 后，demo.d2 中的值是 99.0

解析　本题考查的是共用体问题。共用体的特点是所有成员占用相同的存储空间，即共用体最大成员所占空间的字节数就是共用体所占空间的字节数，所以，选项 A、B、D 正确。定义变量时单独开辟存储空间，和成员的地址不同，所以选项 C 错误。因此，答案为 C。

8．有以下程序：

```
#include <stdio.h>
typedef struct
{   int b,p;
}A;
void f(A c)     /*注意，c 是结构变量名 */
{   c.b+=1; c.p+=2;
}
void main()
{   A  a={1,2};
    f(a);
    printf("%d,%d\n",a.b,a.p);
}
```

程序的运行结果是(   )。

　　A．2,3　　　　　　B．2,4　　　　　　C．1,4　　　　　　D．1,2

解析 本题考查的是结构体及 typedef 问题。在调用 f 函数时，将 a 作为实参传递给形参 c，实现单向值传递，所以在 f 函数中虽然改变了 c 的值，但不影响变量 a 的值。因此，答案为 D。

9. 有以下程序：

```c
#include <stdio.h>
struct S
{   int n,a[20];
};
void f(struct S *p)
{   int i,j,t;
    for(i=0;i<p->n-1;i++)
        for(j=i+1;j<p->n;j++)
            if(p->a[i]>p->a[j])
            { t=p->a[i];  p->a[i]=p->a[j];  p->a[j]=t; }
}
void main()
{   int i; struct S s={10,{2,3,1,6,8,7,5,4,10,9}};
    f(&s);
    for(i=0;i<s.n;i++)
        printf("%d,",s.a[i]);
}
```

程序的运行结果是（   ）。

  A．1,2,3,4,5,6,7,8,9,10,   B．10,9,8,7,6,5,4,3,2,1,
  C．2,3,1,6,8,7,5,4,10,9,   D．10,9,8,7,6,1,2,3,4,5,

解析 本题考查的是结构指针作为函数参数的问题。本题中以结构体变量 s 的地址为实参调用了 f 函数，因此在 f 函数中对 p 的改变就是对变量 s 的改变。f 函数的功能是对变量 s 的 a 成员从小到大排序。因此，答案为 A。

10. 有以下程序：

```c
#include <stdio.h>
struct S
{   int n, a[20];
};
void f(int *a,int n)
{   int i;
    for(i=0;i<n-1;i++)   a[i]+=i;
}
void main()
{   int i;
    struct S s={10,{2,3,1,6,8,7,5,4,10,9}};
    f(s.a, s.n);
    for(i=0;i<s.n;i++)
        printf("%d,",s.a[i]);
}
```

程序的运行结果是（　　）。

  A．2,4,3,9,12,12,11,11,18,9,

  B．3,4,2,7,9,8,6,5,11,10,

  C．2,3,1,6,8,7,5,4,10,9,

  D．1,2,3,6,8,7,5,4,10,9,

解析　本题考查的是结构体问题。本题中以结构体变量 s 的两个成员为实参调用了 f 函数，由于将 a 成员作为数组名传递给形参 a，为双向地址传递，因此，在 f 函数中对 a 的改变就是对变量 s 的 a 成员的改变。f 函数的功能是对变量 s 的 a 成员的前 9 个元素，每个元素加上它在数组中的相应的位置，即 2+0、3+1、1+2 等。因此，答案为 A。

11．有以下程序段：

```
typedef struct node
{   int  data;
    struct  node  *next;
} *NODE;
    NODE  p;
```

则下列叙述中正确的是(　　)。

  A．p 是指向 struct node 结构变量的指针的指针

  B．NODE p;语句出错

  C．p 是指向 struct node 结构变量的指针

  D．p 是 struct node 结构变量

解析　本题考查的是 typedef 及结构体问题。typedef 语句声明了一个新的指向结构体类型的指针类型 NODE，再用此类型定义了一个变量 p，即 p 是指向 struct node 结构变量的指针。因此，答案为 C。

12．假定已建立以下链表结构，且指针 p 和 q 已指向如图 4.2 所示的节点。

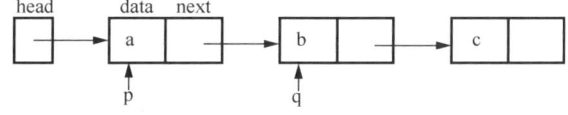

图 4.2　链表结构

则下列选项中可将 q 所指的节点从链表中删除，并释放该节点的语句组是(　　)。

  A．(*p).next=(*q).next;free(p);

  B．p=q.>next; free(q);

  C．p=q;free(q);

  D．p->next =q->next; free(q);

解析　本题考查的是用结构体构成链表的问题。要删除 q 所指向的节点，只需要把 q 所指向节点的 next 成员中的地址赋给 p 所指向节点中的 next 成员，让 p 跳过 q 所指向的节点，直接指向下一个节点即可。因此，答案为 D。

二、填空题

1. 设有说明：struct DATE{int year;int month; int day;};，请写出一条定义语句，该语句定义 d 为上述结构体变量，并同时为其成员 year、month、day 依次赋初值 2025、10、1。该条定义语句为_____。

解析 本题考查的是结构体变量的定义问题。根据结构体变量定义语法要求，写出定义语句为：struct DATA d={2025,10,1};。

2. 下列程序中函数 fun 的功能是：统计 person 所指结构数组中所有性别(sex)为 M 的记录个数，存入变量 n 中，并作为函数值返回。请填空。

```
#include <stdio.h>
#define N 3
typedef struct
{   int num;
    char nam[10];
    char sex;
}SS;
int fun(SS person[])
{   int i,n=0;
    for(i=0;i<N;i++)
        if(_____=='M') n++;
    return n;
}
void main()
{   SS W[N]={{1, "AA",'F'},{2,"BB",'M'},{3,"CC",'M'}}; int n;
    n=fun(W); printf("n=%d\n",n);
}
```

解析 本题考查的是结构体问题。调用 fun 函数时，以结构体数组名作为实参传递给形参 person，即 person 与 W 占用同一存储空间。fun 函数中要统计 person 所指结构体数组中所有性别(sex)为 M 的记录的个数，因此，条件处应该填数组的性别成员。因此，答案为 person[i].sex。

3. 已知有以下定义：

```
union
{   int x;
    struct
    { char c1, c2;
    }b;
}a;
```

执行语句 a.x=0x1234;之后，a.b.cl 的值为_____(用十六进制表示)，a.b.c2 的值为_____(用十六进制表示)。

解析 本题考查的是结构体与共用体的嵌套定义问题。根据共用体的特点可知：x 成员与 b 成员共用同一存储单元，x 成员的值为 0x1234，即 b 成员中存放的也是 0x1234，b 成员又由 2 个字符成员组成。因此，第一个成员的值为整数的低字节，即 a.b.cl 的值为 34(十

第四部分 习题解析

六进制)，第二个成员的值为整数的高字节，即 a.b.c2 的值为 12(十六进制)。

4. 函数 min 的功能是：在带头节点的单链表中查找数据域中值最小的节点。请填空。

```
#include <stdio.h>
struct node
{   int data;
    struct node     *next;
};
int min(struct node *first)          /*指针 first 为链表头指针*/
{   struct node *p;        int m;
    p=first->next;         m=p->data;    p=p->next ;
    for(  ; p!= NULL ; p=_____)
        if( p->data<m )   m=p->data;
    return     m;
}
```

解析　本题考查的是单链表问题。在 min 函数中，p 为指向链表的指针，首先让其指向链表的首节点，并认为是数据域中值最小的节点，再用 for 循环查找所有节点中数据域值最小的节点，找到后将值赋给变量 m，循环体中只有一条语句，没有实现循环变量的增值的相应语句。因此，答案为 p->next ;。

5. 函数 fun 的功能是构成一个如图 4.3 所示的带头节点的单向链表，在节点数据域中放入具有 2 个字符的字符串。函数 disp 的功能是显示输出该单向链表中所有节点中的字符串。请填空完成函数 disp。

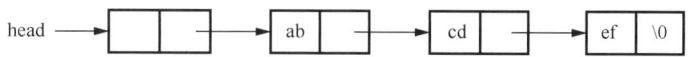

图 4.3　带头节点的单向链表

```
#include <stdio.h>
typedef struct node            /*链表节点结构*/
{   char sub[3];
    struct node  *next;
}Node;
Node fun(char s)               /*建立链表*/
{......}
void disp(Node *h)
{   Node *p;
    p=h->next;
    while (_____)
    {   printf("%s\n",p->sub);   p=_____;}
}
void main()
{   Node *hd;
    hd=fun();  disp(hd);  printf("\n");
}
```

解析　本题考查的是链表问题。为实现程序要求，while 循环的条件应该使得 p 找到所有的节点，因此，第一个空应填 p!=NULL。循环体中应该使 p 不断指向下一个节点，可通过 p= p->next 实现，因此，第二个空应填 p->next。

三、编程题

1. 定义一个保存一个学生数据的结构体变量，其中包括学号、姓名、性别、家庭住址及3门课的成绩，从键盘输入这些数据并显示出来。

解

```c
#include <stdio.h>
struct student
{   int num;                            /*学号*/
    char name[20];                      /*姓名*/
    char sex;                           /*性别*/
    char address[60];                   /*家庭住址*/
    float score[3];                     /*3门课的成绩*/
};
void main( )
{   struct student person;
    int i;
    scanf("%d", &person.num );
    gets(person.name );
    scanf("%c\n", &person.sex );
    gets(person.address );              /*输入学号、姓名、性别、家庭住址*/
    for(i=0;i<3;i++)
        scanf("%f", &person.score[i]);  /*输入3门课的成绩*/
    printf("%d,%s,%c,%s,",person.num,person.name,person.sex,person.address);
                                        /*输出学号、姓名、性别、家庭住址*/
    for(i=0;i<3;i++)
        printf("%f ",person.score[i]);  /*输出3门课的成绩*/
}
```

2. 输入10本书的名称和单价，按照单价由低到高进行排序后输出。

解

```c
#include <stdio.h>
#define N 10
struct book
{
    char name[N];                       /*书名*/
    float price;                        /*单价*/

};
void main()
{
    struct book books[N],temp;          /*定义book结构数组books*/
    int i,j;
    for(i=0;i<N;i++)                    /*给数组books输入数据*/
    {
        printf("请输入第 %d 本书的数据:\n",i+1);
        printf("书名:");
```

```
            fflush(stdin);       /*为了确保不影响后面的数据读取,清空输入缓冲区*/
            gets(books[i].name);
            printf("价格:");
            scanf("%f",&books[i].price);
        }
        for(i=0; i<N; i++)                  /*对数组 books 按价格由低到高排序*/
        {
            for(j=0;j<N-1-i;j++)
            if(books[j].price>books[j+1].price)
            {
                temp=books[j];
                books[j]=books[j+1];
                books[j+1]=temp;
            }
        }
        printf("\n\n 价格由低到高排序如下:\n");
        for(i=0;i<N;i++)                    /*输出数组 books 的值*/
        {
            printf("书名: %s\t 价格: %5.2f\n \n",books[i].name,books[i].price);
        }
    }
```

3. 读入一行字符(如 a、b、……、y、z),按输入时的逆序建立一个链接式的节点序列,即先输入的字符位于链表尾(图 4.4),再按输入的相反顺序输出字符,并释放全部节点。

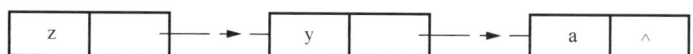

图 4.4　逆序建立链接式节点序列示意图

解

```
    #include <stdio.h>
    #include <malloc.h>
    void main()
    {   struct node
        {   char info;
            struct node *link;
        }* top, *p;              /*建立结构体及定义指向结构体类型的指针变量*/
        char c;
        top=NULL;
        while((c=getchar( ))!='\n')
        {   p=(struct node*)malloc(sizeof(struct node));
                                 /*动态分配存储空间,p 为指向结构体类型的指针*/
            p->info=c;
            p->link=top;
            top=p;
        }                        /*建立链表*/
        while(top)
        {   p=top;
```

```
        top=top->link;
        putchar(p->info);
        free(p);                /*释放内存*/
    }
}
```

4.10 文　　件

一、选择题

1．在进行文件操作时，"写文件"的一般含义是(　　)。

　　A．将计算机内存中的信息存入磁盘

　　B．将磁盘中的信息存入计算机内存

　　C．将计算机 CPU 中的信息存入磁盘

　　D．将磁盘中的信息存入计算机 CPU

解析　本题考查的是文件问题。"写文件"一般是指从内存向外存传输信息，"读文件"一般是指从外存向内存传输信息。因此，答案为 A。

2．在高级语言中，对文件操作的一般步骤是(　　)。

　　A．打开文件→读写文件→关闭文件

　　B．操作文件→修改文件→关闭文件

　　C．读写文件→打开文件→关闭文件

　　D．读文件→写文件→关闭文件

解析　本题考查的是文件问题。对于文件操作一般是先打开文件，然后对文件进行读写操作，最后关闭文件。因此，答案为 A。

3．要打开一个已存在的非空文件 file 用于修改，正确的语句是(　　)。

　　A．fp=fopen("file", "r");　　　　　　　B．fp=fopen("file", "a+");

　　C．fp=fopen("file", "w");　　　　　　　D．fp=fopen("file", "r+");

解析　本题考查的是文件的打开问题。打开文件的格式为 fp=fopen("文件名", "文件使用方式");，本题要对文件进行修改，即对文件进行写操作，所以要使用 w 格式。因此，答案为 C。

4．当顺利执行了文件关闭操作时，fclose 函数的返回值是(　　)。

　　A．-1　　　　　　　B．TRUE　　　　　C．0　　　　　　　D．1

解析　本题考查的是文件的关闭问题。关闭文件使用 fclose 函数，fclose 函数有一个返回值，当关闭成功时返回值为 0，若不成功则返回 EOF，即-1。因此，答案为 C。

5．下列叙述中错误的是(　　)。

　　A．gets 函数用于从键盘读入字符串

　　B．getchar 函数用于从磁盘文件读入字符

　　C．fputs 函数用于把字符串输出到文件

　　D．fwrite 函数用于以二进制形式输出数据到文件

解析 本题考查的是几个常用库函数问题。gets 函数用于从键盘读入字符串,所以选项 A 正确。fputs 函数用于把字符串输出到文件,所以选项 C 正确。fwrite 函数用于以二进制形式输出数据到文件,所以选项 D 正确。getchar 函数用于从键盘读入字符,而不是从文件读入。因此,答案为 B。

6. 读取二进制文件的函数调用形式为:fread(buffer,size,count,fp);,其中 buffer 代表的是(　　)。

　　A. 一个文件指针,指向待读取的文件
　　B. 一个整型变量,代表待读取的数据的字节数
　　C. 一个内存块的首地址,代表读入数据存放的地址
　　D. 一个内存块的字节数

解析 本题考查的是 fread 函数问题。对于 fread 函数来说,buffer 是一个指针,是一个内存块的首地址,代表读入数据存放的地址,size 表示要读入数据的字节数,count 表示要读多少个 size 字节,fp 表示文件指针。因此,答案为 C。

7. 函数 fseek 用来移动文件的位置指针,其调用形式是(　　)。

　　A. fseek(位移方向,位移量,文件号);　　　　B. fseek(文件号,位移量,起始点);
　　C. fseek(文件号,起始点,位移量);　　　　　D. fseek(文件号,位移方向,位移量);

解析 本题考查的是 fseek 函数的格式问题。fseek 函数的正确格式为:fseek(文件号,位移量,起始点);。因此,答案为 B。

8. 若调用 fputc 函数输出字符成功,则其返回值是(　　)。

　　A. EOF　　　　　B. 1　　　　　C. 0　　　　　D. 输出的字符

解析 本题考查的是 fputc 函数问题。fputc 函数是把一个字符写到磁盘文件中去,此函数也带一个返回值。若输出成功,则返回要输出的字符;若输出不成功,则返回 EOF,即-1。因此,答案为 D。

9. 有以下程序:

```
#include <stdio.h>
void main()
{   FILE *fp;
    int a[10]={1,2,3,0,0}, i;
    fp=fopen("d2.dat", "wb");
    fwrite(a, sizeof(int), 5, fp);
    fwrite(a, sizeof(int), 5, fp);
    fclose(fp);
    fp=fopen("d2.dat", "rb");
    fread(a, sizeof(int), 10, fp);
    fclose(fp);
    for(i=0; i<10; i++)
       printf("%d,", a[i]);
}
```

程序的运行结果是(　　)。

　　A. 1,2,3,0,0, 0 , 0 , 0 ,0,0,　　　　　　B. 1,2,3,1,2,3,0,0, 0,0,
　　C. 123, 0,0, 0,0,123,0, 0,0, 0,　　　　D. 1,2,3,0,0,1,2,3,0,0,

解析 本题考查的是文件的读写问题。首先定义了一个文件指针 fp，并以写的方式打开二进制文件 d2.dat，fwrite(a, sizeof(int), 5, fp);表示向文件中写入 5 个整型数据，共写 2 次，再以读的方式打开文件，从文件中读出 10 个整型数据赋给数组 a。因此，答案为 D。

10. 阅读以下程序及对程序功能的描述，其中描述正确的是(　　)。

```
#include <stdio.h>
#include <stdlib.h>
void main( )
{   FILE *in, *out;
    char ch, infile[10], outfile[10];
    printf("Enter the infile name:\n");
    scanf("%s", outfile);
    if((in=fopen(infile, "r"))==NULL)
    {   printf("cannot open infile.\n");
        exit(0);
    }
    if((out=fopen(outfile,"w"))==NULL)
    {   printf("cannot open outfile.\n");
        exit(0);
    }
    while(! feof(in))
        fputc(fgetc(in), out);
    fclose(in);
    fclose(out);
}
```

A．程序完成将磁盘文件的信息在屏幕上显示的功能
B．程序完成将两个磁盘文件合二为一的功能
C．程序完成将一个磁盘文件复制到另一个磁盘文件中的功能
D．程序完成将两个磁盘文件合并并且在屏幕上显示的功能

解析 本题考查的是文件的读写问题。本题以读方式打开文件 infile，并用文件指针变量 in 表示。以写方式打开文件 outfile，并用文件指针变量 out 表示。通过 while 循环将 in 文件中的内容读出来写到 out 文件中去。因此，答案为 C。

二、填空题

1. 设有定义：FILE *fw;，补充以下语句，以便可以向文本文件 readme.txt 的最后续写内容。

```
fw=fopen("readme.txt", _____)
```

解析 本题考查的是文件打开函数的格式问题。文件打开函数的格式为：fp=fopen ("文件名","使用文件方式");，本题要向文件尾部续写内容，要使用 a 格式。因此，答案为"a"。

2. 以下程序从名为 filea.dat 的文本文件中逐个读出字符并显示在屏幕上。请填空。

```
#include <stdio.h>
void main()
{   FILE *fp; char ch;
```

```
    fp=fopen(_____);
    ch=fgetc(fp);
    whlie(!feof(fp)) { putchar(ch); ch=fgetc(fp);}
    putchar('\n'); fclose(fp); }
```

解析 本题考查的是文件的读操作问题。根据题意要从名为 filea.dat 的文本文件中逐个读出字符，在打开文件时，要以 r 格式打开，因此，答案为"filea.dat","r"。

3．以下程序将键盘输入的 10 个整数以二进制方式写入到一个名为 bi.dat 的新文件中。

```
#include <stdio.h>
#include <stdlib.h>
FILE *fp;
void main( )
{   int i, j;
    if((fp=fopen(_____, "wb"))==NULL)
        exit(0);
    for(i=0; i<10; i++)
    {   scanf("%d", &j);
        fwrite(_____, sizeof(int), 1, _____);
    }
    fclose(fp);
}
```

解析 本题考查的是文件问题。本题要向文件 bi.dat 中写数据。因此，打开文件时，fopen 函数的第一个参数，即第一个空应填"bi.dat"。成功后向文件中写数据使用的是 fwrite 函数，fwrite 函数要求第一个参数为地址，因此，第二个空应填&j。fwrite 函数的第四个参数为文件指针，因此，第三个空应填 fp。

三、编程题

1．编程实现将 3 个学生的数据存入名为 student.dat 的文件。

解

```
#include <stdio.h>
#include <stdlib.h>
#define SIZE 3
struct student                                  /*定义结构体类型*/
{   long num;
    char name[10];
    int age;
}stu[SIZE]={1001,"wang",18,1002,"li",19,1003,"zhang",18,};
void void main( )
{   FILE *fp;                                   /*定义文件指针*/
    int i;
    if((fp=fopen("student.dat","w"))==NULL)     /*打开文件*/
    {   printf("Cannot open file!\n");
        exit(0);
    }
    for(i=0; i<SIZE; i++)
```

```
            if(fwrite(&stu[i], sizeof(struct student), 1, fp) !=1)/*向文件写数据*/
                printf("File write error!\n");
        fclose(fp);                                              /*关闭文件*/
    }
```

2. 分别统计文件 test.txt 中字母、数字和其他字符的个数，并输出统计结果。

解

```
#include <stdio.h>
#include <stdlib.h>
void void main( )
{   FILE *fp;                                    /*定义文件指针*/
    int digital=0,character=0,other=0;
    char c;
    if((fp=fopen("test.txt","r"))=NULL)          /*打开文件*/
    {   printf("Open file error\n");
        exit(0);
    }
    while((c=fgetc(fp))!=EOF)                    /*统计字母、数字和其他字符的个数*/
    {
        if(c>='0'&&c<='9')
            digital++;
        else if(c>='a'&&c<='z'|| c>='A'&&c<='Z')
            character++;
        else
            other++;
    }
    printf("There are %d digitals, %d characters and %d others in this file\n",
digital, character,other);                       /*输出结果*/
    fclose(fp);                                  /*关闭文件*/
}
```

4.11 编译预处理

一、选择题

1. 下列关于宏的叙述中正确的是(　　)。

　　A. 宏名必须用大写字母表示

　　B. 宏定义必须位于源程序中所有语句之前

　　C. 宏替换没有数据类型限制

　　D. 宏调用比函数调用耗费时间

解析 本题考查的是宏的基本定义问题。宏名一般习惯用大写，但也可以用小写，所以选项 A 错误。预处理命令可以出现在任何位置，但习惯上应尽可能地写在源程序的开头，所以选项 B 错误。宏定义时，形参不能指定类型，即没有数据类型限制，所以选项 C 正确。宏替换是由预处理程序完成，所以不占用运行时间。而函数调用是在程序运行中处理的，要临时分配存储单元，占用一系列时间，所以选项 D 错误。因此，答案为 C。

2. 下列叙述中错误的是( )。
   A．在程序中凡是以"#"开始的语句行都是预处理命令行
   B．预处理命令行的最后不能以分号表示结束
   C．#define MAX 是合法的宏定义命令行
   D．C 语言程序对预处理命令行的处理是在程序执行的过程中进行的

解析 本题考查的是预处理命令问题。预处理命令在程序中以"#"开始，所以选项 A 正确。预处理命令不是语句，因此，不能以分号结束，所以选项 B 正确。#define MAX 是合法的宏定义命令行，所以选项 C 正确。C 程序对预处理命令行的处理是由预处理程序完成的，而不是在程序执行的过程中进行的，所以选项 D 错误。因此，答案为 D。

3. 若程序中有宏定义：#define N 100，则下列叙述中正确的是( )。
   A．宏定义行中定义了标识符 N 的值为整数 100
   B．在编译程序对 C 语言源程序进行预处理时，用 100 替换标识符 N
   C．对 C 语言源程序进行编译时，用 100 替换标识符 N
   D．在运行时，用 100 替换标识符 N

解析 本题考查的是宏定义问题。#define N 100 表示用一个指定的标识符 N 来代表 100，即在预处理时，将程序中该命令行之后的所有的 N 都用 100 来替换，替换之后再经编译、连接后执行。因此，答案为 B。

4. 下列关于宏替换的叙述中错误的是( )。
   A．宏替换不占用运行时间   B．宏名无类型
   C．宏替换只是字符替换   D．宏名必须用大写字母表示

解析 本题考查的是宏替换问题。对于宏来说只是在预处理时进行简单的字符替换，无具体数据类型，且不是在运行时执行，所以选项 A、B、C 均正确。宏名一般习惯用大写，但也可以用小写，所以选项 D 错误。因此，答案为 D。

5. 若有宏定义：#define MOD(x,y) x%y，则执行以下语句后的输出为( )。

```
int z, a=15, b=100;
z=MOD(b,a);
printf("%d\n", z++);
```

   A．11   B．10   C．6   D．宏定义不合法

解析 本题考查的是带参宏定义问题。题中将 MOD(b,a)用 b%a 来替换，所以，z=100%15=10。因此，答案为 B。

6. 有以下程序：

```
#include <stdio.h>
# define f(x) (x*x)
void main()
{   int i1, i2;
    i1=f(8)/f(4);
    i2=f(4+4)/f(2+2);
    printf("%d, %d\n",i1,i2);
}
```

程序的运行结果是(　　)。

　　A．64，28　　　　B．4，4　　　　C．4，3　　　　D．64，64

解析　本题考查的是带参宏定义问题。预处理后被替换为 i1=(8*8)/(4*4)=4 和 i2=(4+4*4+4)/(2+2*2+2)=3。因此，答案为 C。

7．有以下程序：

```
#include <stdio.h>
#define P 3
int F(int x)
{   return(P*x*x);}
void main()
{   printf("%d\n",F(3+5));
}
```

程序的运行结果是(　　)。

　　A．192　　　　　B．29　　　　　C．25　　　　　D．编译出错

解析　本题考查的是宏定义问题。return(P*x*x);被替换为 return(3*8*8);，注意宏定义只有 P，3+5 为实参，经计算得 8 后传递给形参。因此，答案为 A。

二、填空题

1．若有以下宏定义：

```
#include <stdio.h>
#define X 5
#define Y X+1
#define Z Y*X/2
void main()
{printf("%d,%d,%d\n",Z,Y,X);}
```

则程序的运行结果是＿＿＿＿＿＿。

解析　本题考查的是宏定义问题。预处理后所有的 X 都用 5 来替换，所有的 Y 都用 X+1 来替换，所有的 Z 都用 Y*X/2 来替换，因此，本题输出的是 Z 为 X+1*X/2=5+1*5/2=7，Y 为 X+1=5+1=6。因此，答案为 7,6,5。

2．若有以下宏定义：

```
#define N 2
#define Y(n)  ((N+1)*n)
```

则执行语句：

```
z=2*(N+Y(5));
printf("%d\n",z);
```

程序的运行结果为＿＿＿＿＿＿。

解析　本题考查的是带参宏定义问题。预处理后所有的 N 都用 2 来替换，所有的 Y(n) 都用((N+1)*n)来替换，所以 z=2*(2+((2+1)*5))=34。因此，答案为 34。

3．下列程序的运行结果是＿＿＿＿＿＿。

```
#include <stdio.h>
```

```
# define  MAX(A, B)  (A)>(B) ? (A):(B)
# define  PRINT(Y)   printf ("Y=%d\n", Y)
void main()
{   int a=1,b=2,c=3,d=4,t;
    t=MAX(a+b, c+d);
    PRINT(t);
}
```

解析 本题考查的是带参宏定义问题。预处理后所有的 MAX(A，B)都用(A)>(B) ? (A):(B)来替换，所以 t=MAX(a+b,c+d);中参数 A 为 a+b，即 1+2，参数 B 为 c+d，即 3+4，所以 t=(1+2)>(3+4) ? (1+2):(3+4)=7，题中所有的 PRINT(Y)都用 printf ("Y=%d\n", Y)来替换，即 PRINT(t);用 printf ("Y=%d\n", t) 来替换。因此，答案为 Y=7。

4.12　位　运　算

一、选择题

1. 下列运算符中优先级最低的是(　　)。

　　A. &&　　　　　B. &　　　　　　C. ||　　　　　　D. |

解析 本题考查的是位运算符及逻辑运算符优先级问题。&和|为位运算符，&&和||为逻辑运算符，C 语言中位运算符的优先级高于逻辑运算符&&和||，而逻辑运算符&&的优先级高于逻辑运算符||。因此，答案为 C。

2. 有以下程序：

```
#include <stdio.h>
void main()
{
    char a=4;
    printf("%d\n",a=a<<1);
}
```

程序的运行结果是(　　)。

　　A. 40　　　　　B. 16　　　　　　C. 8　　　　　　D. 4

解析 本题考查的是位运算问题。左移一位相当于乘以 2，即 4×2=8。因此，答案为 C。

3. 变量 a 中的数据用二进制表示的形式是 01011101，变量 b 中的数据用二进制表示的形式是 11110000。若要求将 a 的高 4 位取反，低 4 位不变，所要执行的运算是(　　)。

　　A. a^b　　　　　B. a|b　　　　　C. a&b　　　　　D. a<<4

解析 本题考查的是位运算问题。^为异或运算符，若想使哪位取反则将其与 1 异或即可，本题要求将 a 的高 4 位取反，低 4 位不变，因此与 11110000 即变量 b 异或即可。因此，答案为 A。

4. 有以下程序：

```
#include <stdio.h>
void main()
```

```
{   int  a=1, b=2, c=3, x;
    x=( a ^ b ) & c;
    printf("%d\n",x);
}
```

程序的运行结果是(   )。

A. 0　　　　　　B. 1　　　　　　C. 2　　　　　　D. 3

解析　本题考查的是位运算问题。整型变量a、b、c分别用二进制表示为00000001、00000010、00000011，先计算a^b，结果为00000011，再与变量c进行按位与运算，结果为00000011。因此，答案为D。

5. 有以下程序：

```
#include <stdio.h>
void main()
{   unsigned  char  a=2,b=4,c=5,d;
    d=a|b;
    d&=c;
    printf("%d\n",d);
}
```

程序的运行结果是(   )。

A. 3　　　　　　B. 4　　　　　　C. 5　　　　　　D. 6

解析　本题考查的是位运算问题。字符型变量a、b、c分别用二进制ASCII码表示为00110010、00110100、00000101，"|"为按位或运算符，即两个相应的二进制位中只要有一个为1则结果就为1，否则为0，因此d的值为00110110，"&="为复合赋值运算符，d&=c;语句表示将变量d与变量c按位与运算后重新赋值给变量d，所以d的值为00000100，即整数4。因此，答案为B。

二、填空题

1. 表达式0X13|0x17的值是_____(用十六进制表示)，表达式0x13^0x17的值是_____(用十六进制表示)。

解析　本题考查的是位运算问题。"|"为按位或运算符，即两个相应的二进制位中只要有一个为1则结果就为1，否则为0。因此，十六进制数0X13与0x17进行按位或运算，即00010011与00010111进行按位或运算，结果为00010111，即0X17。"^"为异或运算符，即两个相应的二进制位相同则结果为假，不同则结果为真。因此，十六进制数0x13与0x17进行异或运算，即00010011与00010111进行异或运算，结果为00000100，即0X04。

2. 在位运算中，操作数每右移一位，其结果相当于_____，操作数每左移一位，其结果相当于_____。

解析　本题考查的是左移右移位运算问题。在位运算中，操作数每右移一位，其结果相当于操作数除以2，右移n位，其结果相当于操作数除以2^n。操作数每左移一位，其结果相当于操作数乘以2。

3．设有以下语句：

```
char x=3,y=6,z;
z=x^y<<2;
```

则 z 的二进制值是_____。

解析　本题考查的是位运算符优先级问题。由于<<运算符优先级高于^运算符，赋值运算符优先级最低，因此先运算 y<<2，即 y 左移两位，相当于结果乘以 4，结果为 24，再与 x 进行异或运算，即 00000011 与 00011000 进行异或运算。因此，答案为 00011011。

4．设 x 是一个十六进制整数，若要通过 x|y 使 x 低 4 位置 1，高 4 位不变，则 y 的二进制数是_____。

解析　本题考查的是位运算问题。"|"为按位或运算符，即两个相应的二进制位中只要有一个为 1 则结果就为 1，否则为 0。本题要求使 x 低 4 位置 1，高 4 位不变，则保证低 4 位全为 1，高 4 位全为 0 即可。因此，答案为 00001111。

第五部分 自测练习

5.1 自测练习第1套

一、单项选择题(每题1分，共30分)

1. C语言规定，在一个源程序中，main函数的位置(   )。
   A．必须在最开始   B．必须在系统调用的库函数的后面
   C．可以任意   D．必须在最后

2. 设有 int x=11;，则表达式(x++ * 1/3)的值为(   )。
   A．3   B．4   C．11   D．12

3. 设 a 和 b 均为 double 型常量，且 a=5.5、b=2.5，则表达式(int)a+b/b 的值是(   )。
   A．6.500000   B．6   C．5.500000   D．6.000000

4. sizeof(float)是(   )。
   A．一个双精度型表达式   B．一个整型表达式
   C．一种函数调用   D．一个不合法的表达式

5. 下列数据中属于字符串常量的是(   )。
   A．ABC   B．"ABC"   C．'ABC'   D．'A'

6. 在 C 语言中，char 型数据在内存中的存储形式是(   )。
   A．补码   B．反码   C．原码   D．ASCII 码

7. 在 C 语言中，合法的字符常量是(   )。
   A．'\084'   B．'\x43'   C．'ab'   D．"\0"

8. 已知字符'A'的 ASCII 码值是 65，字符变量 c1 的值是'A'，c2 的值是'D'。执行语句 printf("%d,%d",c1,c2-2);后，输出结果是(   )。
   A．A,B   B．A,68   C．65,66   D．65,68

9. 已知 i、j、k 为 int 型变量，若从键盘输入：1,2,3<回车>，使 i 的值为 1、j 的值为 2、k 的值为 3，下列选项中正确的输入语句是(   )。
   A．scanf("%2d%2d%2d",&i,&j,&k);   B．scanf("%d %d %d",&i,&j,&k);

C．scanf("%d,%d,%d",&i,&j,&k);   D．scanf("i=%d,j=%d,k=%d",&i,&j,&k);

10．printf 函数中用到格式符%5s，其中数字 5 表示输出的字符串占用 5 列，如果字符串长度大于 5，则输出方式为(   )。
   A．左对齐输出该字符串，右补空格   B．按原字符长从左向右全部输出
   C．右对齐输出该字符串，左补空格   D．输出错误信息

11．下列程序段的输出结果为(   )。

```
int a=7,b=9,t;
t=a*=a>b?a:b;
printf("%d",t);
```

   A．7   B．9   C．63   D．49

12．判断 char 型变量 cl 是否为小写字母的正确表达式是(   )。
   A．'a'<=cl<='z'   B．(cl>=a)&&(cl<=z)
   C．('a'>=cl)||('z'<=cl)   D．(cl>='a')&&(cl<='z')

13．若 x=2，y=3，则 x||y 的结果是(   )。
   A．0   B．1   C．2   D．3

14．若有定义：int m=1,n=2;，则 m++==n 的结果是(   )。
   A．0   B．1   C．2   D．3

15．为了避免嵌套的条件语句 if-else 的二义性，C 语言规定，else 与(   )配对。
   A．缩进位置相同的 if   B．其之前最近的 if
   C．其之后最近的 if   D．同一行上的 if

16．有以下程序段：

```
int n=0,p;
do
{ scanf("%d",&p);
  n++;
}while(p!=12345&&n<3);
```

   此处 do-while 循环的结束条件是(   )。
   A．p 的值不等于 12345 并且 n 的值小于 3
   B．p 的值等于 12345 并且 n 的值大于等于 3
   C．p 的值不等于 12345 或者 n 的值小于 3
   D．p 的值等于 12345 或者 n 的值大于等于 3

17．从循环体内某一层跳出，继续执行循环体外的语句是(   )。
   A．break 语句   B．return 语句   C．continue 语句   D．空语句

18．下列程序段的输出结果为(   )。

```
char c[]="abc";
int i=0;
do ;while(c[i++]!='\0');printf("%d",i-1);
```

   A．abc   B．ab   C．2   D．3

19. 已有定义：char a1[]="abc",a2[80]="1234";，则将 a1 串连接到 a2 串后面的语句是（   ）。

  A．strcat(a2,a1); B．strcpy(a2,a1); C．strcat(a1,a2); D．strcpy(a1,a2);

20. 已有定义：char a[10];，则不能将字符串"abc"存储在数组中的语句是(   )。

  A．strcpy(a,"abc");   B．a[0]=0;strcat(a,"abc");

  C．a="abc";   D．int i;for(i=0;i<3;i++)a[i]=i+97;a[i]=0;

21. 若有说明：int a[3][4]={0};，则下列叙述中正确的是(   )。

  A．只有元素 a[0][0]可得到初值 0

  B．此说明语句不正确

  C．数组 a 中各元素都可得到初值，但其值不一定为 0

  D．数组 a 中每个元素均可得到初值 0

22. C 语言中，函数值类型的定义可以缺省，此时函数值的隐含类型是(   )。

  A．void   B．int   C．float   D．double

23. 下列程序的输出结果是(   )。

```
void fun(int a, int b, int c)
{ a=456; b=567; c=678; }
main( )
{ int x=10, y=20, z=30;
  fun(x, y, z);
  printf("%d,%d,%d\n", z, y, x);}
```

  A．30,20,10 B．10,20,30 C．456567678 D．678567456

24. C 语言规定，简单变量作为实参时，它和对应形参之间的数据传递方式是(   )。

  A．地址传递

  B．单向值传递

  C．由实参传给形参，再由形参传回给实参

  D．由用户指定的传递方式

25. 下列程序段的输出结果是(   )。

```
char *alp[]={"ABC","DEF","GHI"}; int j; puts(alp[1]);
```

  A．A   B．B   C．D   D．DEF

26. 变量的指针，其含义是指该变量的(   )。

  A．值   B．地址   C．名   D．一个标志

27. 设 char *s="\ta\017bc";，则指针变量 s 指向的字符串所占的字节数为(   )。

  A．9   B．5   C．6   D．7

28. 在下面的语句中，其含义为"p 为指向含 n 个元素的一维数组的指针变量"的是(   )。

  A．int p[n]; B．int *p(); C．int *p(n); D．int (*p)[n];

29. 在下列程序段中，枚举变量 c1、c2 的值依次是(   )。

```
enum color {red,yellow,blue=4,green,white} c1,c2;
```

```
c1=yellow;c2=white;
printf("%d,%d\n",c1,c2);
```
  A．1,6   B．2,5   C．1,4   D．2,6

30．为输出数据而打开文本文件 file1，正确的函数调用方式是( )。

  A．fopen("file1 "," r")   B．fopen("file1 "," w")

  C．fopen("file1 "," rb")   D．fopen("file1 ", "wb")

二、填空题(每空 1 分，共 10 分)

1．若有定义：int x=2,y=3,z=4;，则表达式!(x=y)||x+z-y-!z 的值是_____。

2．若有定义：char c='\010';，则变量 c 中包含的字符个数为_____。

3．设 a、b、c 为整型数，且 a=2、b=3、c=4，则执行语句 a*=16+(b++)-(++c);后，a 的值是_____。

4．若有以下程序，运行时输入 i 的值为 10，j 的值为 20，则输出结果是_____。

```
#include <stdio.h>
void main()
{ int i,j;
  scanf("%d%d",&i,&j);
  printf("i=%d,j=%d\n",i++,++j);
}
```

5．设 a、b、t 为整型变量，初值为 a=7、b=9，则执行语句 t=(a>b)?a:b 后，t 的值是____。

6．若输入字符串：abcde<回车>，则以下 while 循环体将执行_____次。

```
while((ch=getchar())=='e') printf("*");
```

7．字符串比较的库函数是_____(写函数名即可)。

8．已知 a=13，a<<2 的十进制数值为_____。

9．下列程序的输出结果是_____。

```
#include <stdio.h>
void main()
{ int i=3,j=2;
  char *a="DCBA";
  printf("%c%c\n",a[i],a[j]);
}
```

10．C 语言中调用_____函数来打开文件。

三、判断题(每题 1 分，共 10 分)

1．若有 int i=10,j=2;，则执行 i*=j+8;语句后，i 的值为 28。   ( )

2．C 语言程序总是从程序的第一条语句开始执行。   ( )

3．若有#define S(a,b) a*b，则执行语句 area=S(3,2);后，area 的值为 6。 ( )

4．程序段 int i=20;switch(i/10){case 2:printf("A");case 1:printf("B");}的输出结果为 A。

                                   ( )

5. 设有数组定义：char array [ ]="hello";，则数组 array 所占的空间为 5。   (   )
6. int a[3][4]={{1},{5},{9}};语句的作用是将数组各行第一列的元素赋初值，其余元素值为 0。   (   )
7. 函数调用语句：func(rec1,rec2+rec3,(rec4,rec5));中，含有的实参个数是 5。 (   )
8. 假设有 int a[10],*p;语句，则 p=&a[0]与 p=a 等价。   (   )
9. 共用体变量所占的内存长度等于最长的成员的长度。   (   )
10. 变量根据其作用域的范围可以分为局部变量和全局变量。   (   )

四、程序改错题(每题 10 分，共 20 分)

1. 求 100 以内(包括 100)的偶数之和。

```
#include <stdio.h>
void main()
{   /*********FOUND**********/
    int i,sum=1;
    /*********FOUND**********/
    for(i=2;i<=100;i+=1)
        sum+=i;
    /*********FOUND**********/
    printf("sum=%d \n";sum);
}
```

2. 八进制数转换为十进制数。

```
#include <stdio.h>
void main()
{   /*********FOUND**********/
    char p,s[6];
    int n;
    p=s;
    gets(p);
    /*********FOUND**********/
    n==0;
    /*********FOUND**********/
    while(*(p)=='\0')
    {   n=n*8+*p-'0';
        p++;
    }
    printf("%d",n);
}
```

五、程序填空题(每题 10 分，共 20 分)

1. 计算一元二次方程的根。

```
#include <stdio.h>
/***********SPACE***********/
#include 【1】
```

```
void main()
{ double x1,x2,imagpart;
  float a,b,c,disc,realpart;
  scanf("%f%f%f",&a,&b,&c);
  printf("the equation");
  /***********SPACE***********/
  if(【2】<=1e-6)
     printf("is not quadratic\n");
  else
     disc=b*b-4*a*c;
  if(fabs(disc)<=1e-6)
     printf("has two equal roots:%-8.4f\n",-b/(2*a));
  /***********SPACE***********/
  else if(【3】)
  { x1=(-b+sqrt(disc))/(2*a);
    x2=(-b-sqrt(disc))/(2*a);
    printf("has distinct real roots:%8.4f and %.4f\n",x1,x2);
  }
  else
  { realpart=-b/(2*a);
    imagpart=sqrt(-disc)/(2*a);
    printf("has complex roots:\n");
    printf("%8.4f=%.4fi\n",realpart,imagpart);
    printf("%8.4f-%.4fi\n",realpart,imagpart);
  }
}
```

2. 数组名作为函数参数，求平均成绩。

```
#include <stdio.h>
float aver(float a[ ])              /*定义求平均值函数，形参为一浮点型数组名*/
{ int i;
  float av,s=a[0];
  for(i=1;i<5;i++)
        /***********SPACE***********/
        s+=【1】[i];
  av=s/5;
  /***********SPACE***********/
  return 【2】;
}
void main()
  { float sco[5],av;
    int i;
    printf("\ninput 5 scores:\n");
    for(i=0;i<5;i++)
        /***********SPACE***********/
        scanf("%f",【3】);
    /***********SPACE***********/
    av=aver(【4】);
    printf("average score is %5.2f\n",av);
}
```

六、程序设计题(每题 10 分，共 10 分)

编写函数用冒泡排序法对数组中的数据进行从小到大排序。

```c
#include <stdlib.h>
#include <stdio.h>
void wwjt();
void sort(int a[],int n)
{ /**********Program**********/



  /********** End **********/
}
void main()
{ int a[16],i;
  srand(30);
  for(i=0;i<16;i++)
     a[i]=rand()%30+15;
  for(i=0;i<16;i++)
      printf("%3d",a[i]);
  printf("\n--------------------\n");
  sort(a,16);
  for(i=0;i<16;i++)
      printf("%3d",a[i]);
  wwjt();
}
void wwjt()
{ FILE *IN,*OUT;
  int n;
  int i[10];
  IN=fopen("in.dat","r");
  if(IN==NULL)
  { printf("Read FILE Error");
  }
  OUT=fopen("out.dat","w");
  if(OUT==NULL)
  { printf("Write FILE Error");
  }
  for(n=0;n<10;n++)
  { fscanf(IN,"%d",&i[n]);
  }
  sort(i,10);
  for(n=0;n<10;n++)
     fprintf(OUT,"%d\n",i[n]);
  fclose(IN);
  fclose(OUT);
}
```

第五部分　自测练习

5.2　自测练习第 2 套

一、选择题(每题 1 分，共 30 分)

1. C 语言源程序文件经过 C 编译程序编译连接后，会生成一个扩展名为(　　)的可执行文件。
   A．.c　　　　　　B．.obj　　　　　C．.exe　　　　　D．.bas
2. 先用语句定义字符型变量 c，然后将字符 a 赋给 c，则下列语句中正确的是(　　)。
   A．c='a';　　　　B．c="a";　　　　C．c="97";　　　　D．C='97'
3. 下列数据中，不正确的数值或字符常量是(　　)。
   A．8.9e1.2　　　B．10　　　　　　C．0xff00　　　　D．82.5
4. 经下列语句定义后，sizeof(x)、sizeof(y)、sizeof(a)、sizeof(b)在计算机中的值分别为(　　)。

```
char   x=65;
float  y=7.3;
int    a=100;
double b=4.5;
```

   A．2,2,2,4　　　B．1,2,2,4　　　C．1,4,2,8　　　D．2,4,2,8
5. 设 a 为整型变量，初值为 12，执行完语句 a+=a-=a*a 后，a 的值是(　　)。
   A．5524　　　　B．144　　　　　C．264　　　　　D．-264
6. C 语言中的标识符只能由字母、数字和下划线 3 种字符组成，且第一个字符(　　)。
   A．必须为字母　　　　　　　　　B．必须为下划线
   C．必须为字母或下划线　　　　　D．可以是字母、数字和下划线中任一字符
7. 设 a、b、c 都是 int 型变量，且 a=3、b=4、c=5，其值为 0 的表达式为(　　)。
   A．'a'&&'b'　　　　　　　　　　B．a<=b
   C．a||b + c && b-c　　　　　　　D．! (a-b && (!c||2))
8. 若有以下程序：

```
void main()
{ int k=2,i=2,m;
  m=(k+=i*=k);
  printf("%d,%d\n",m,i);
}
```

   程序的运行结果是(　　)。
   A．8,6　　　　　B．8,3　　　　　C．6,4　　　　　D．7,4
9. 下列程序段的输出结果为(　　)。

```
float k=0.8567;
printf("%06.1f%%",k*100);
```

A. 0085.6%%　　B. 0085.7%　　C. 0085.6%　　D. .857

10. 下列程序段的执行结果是(　　)。

```
double x;x=218.82631; printf("%-6.2e\n",x);
```

　　A. 输出格式描述符的域宽不够,不能输出

　　B. 输出为 21.38e+01

　　C. 输出为 2.2e+02

　　D. 输出为-2.14e2f

11. C 语言的 switch 语句中 case 后(　　)。

　　A. 只能为常量

　　B. 只能为常量或常量表达式

　　C. 可为常量或表达式,或有确定值的变量或表达式

　　D. 可为任何量或表达式

12. 若有条件表达式(exp)?a++:b--,则下列表达式中能完全等价于表达式(exp)的是(　　)。

　　A. (exp==0)　　B. (exp!=0)　　C. (exp==1)　　D. (exp!=1)

13. 下列程序的输出结果是(　　)。

```
void main()
{   int   x=1,y=0,a=0,b=0;
    switch(x)
    {  case 1:switch(y)
       {  case  0:a++;break;
          case  1:b++;break;
       }
       case 2:a++;b++;break;
       case 3:a++;b++;break;
    }
    printf("a=%d,b=%d\n",a,b);
}
```

　　A. a=1,b=0　　B. a=2,b=1　　C. a=1,b=1　　D. a=2,b=2

14. C 语言的 if 语句中,用作判断的表达式为(　　)。

　　A. 任意表达式　　B. 逻辑表达式　　C. 关系表达式　　D. 算术表达式

15. 以下 for 循环的执行次数是(　　)。

```
for(x=0,y=0;(y=123)&&(x<4);x++);
```

　　A. 无限循环　　B. 循环次数不定　　C. 4 次　　D. 3 次

16. 下列程序的执行结果是(　　)。

```
void main()
{  int num=0;
   while(num<=2) { num++; printf( "%d,",num ); } }
```

　　A. 0,1,2,　　B. 1,2,　　C. 1,2,3,　　D. 1,2,3,4,

17. 下列程序的输出结果为( )。

```
void main()
{ int y=10;
  while(y--);
  printf("y=%d\n",y);
}
```

    A．y=0　　　　　　　　　　　　B．while 构成无限循环
    C．y=1　　　　　　　　　　　　D．y=-1

18. 若二维数组 a 有 m 列，则在 a[i][j]前的元素个数为( )。
    A．j*m+i　　　　B．i*m+j　　　　C．i*m+j-1　　　　D．i*m+j+1

19. 若有定义：int t[3][2];，则能正确表示 t 数组元素地址的表达式是( )。
    A．&t[3][2]　　　B．t[3]　　　　　C．&t[1]　　　　　D．t[2]

20. 函数调用语句 strcat(strcpy(str1,str2),str3)的功能是 ( )。
    A．将串 str1 复制到串 str2 中后再连接到串 str3 之后
    B．将串 str1 连接到串 str2 之后再复制到串 str3 之后
    C．将串 str2 连接到串 str1 之后再将串 str1 复制到串 str3 中
    D．将串 str2 复制到串 str1 中后再将串 str3 连接到串 str1 之后

21. 若 char a[10];已正确定义，则下列语句中不能从键盘给 a 数组的所有元素输入值的语句是( )。
    A．gets(a);　　　　　　　　　　　B．scanf("%s",a);
    C．for(i=0;i<10;i++) a[i]=getchar();　D．a=getchar();

22. 求平方根函数的函数名为( )。
    A．cos　　　　　B．abs　　　　　C．pow　　　　　D．sqrt

23. 执行下列程序后，输出结果是( )。

```
void main()
{ int max(intx,int y);
  int a=45,b=27,c=0;
  c=max(a,b);
  printf("%d\n",c);
}
int max(intx,int y)
{ int z;
  if(x>y) z=x;
  else    z=y;
  return(z);
}
```

    A．45　　　　　　B．27　　　　　　C．18　　　　　　D．72

24. 在 C 语言的函数调用过程中，如果函数 funA 调用了函数 funB，函数 funB 又调用了函数 funA，则( )。
    A．称为函数的直接递归　　　　　B．称为函数的间接递归
    C．称为函数的递归定义　　　　　D．C 语言中不允许这样的递归形式

25. 设有定义：int n=0,*p=&n,**q=&p;，则下列选项中，正确的赋值语句是(　　)。
    A. p=1;　　　　B. *q=2;　　　　C. q=p;　　　　D. *p=5;
26. 若定义：int a[5],*p=a;，则对 a 数组元素地址的正确引用是(　　)。
    A. &a[5]　　　　B. p+2　　　　C. a++　　　　D. &a
27. 若有定义：double *p,x[10];int i=5;，则使指针变量 p 指向元素 x[5]的语句为(　　)。
    A. p=&x[i];　　　B. p=x;　　　　C. p=x[i];　　　D. p=&(x+i);
28. 下列程序的运行结果是(　　)。

```
#include <stdio.h>
#include <string.h>
void main()
{ char * a="AbcdEf",* b="aBcD";
  a++;b++;
  printf("%d\n",strcmp(a,b));
}
```

    A. 0　　　　　　B. 负数　　　　C. 正数　　　　D. 无确定值
29. 设有如下定义，则下列表达式中，值不为 'b' 的是(　　)。

```
struct
{ char n, m[10];}
ss[2]={'a', "abc", 'b', "bcd"};
```

    A. ss[0].m[1]　　B. ss[0].n　　　C. ss[1].m[0]　　D. ss[1].n
30. 若要用 fopen 函数打开一个新的二进制文件，该文件要既能读也能写，则文件方式字符串应是(　　)。
    A. "ab++"　　　B. "wb+"　　　C. "rb+"　　　D. "ab"

二、填空题(每空 1 分，共 10 分)

1. 设 int x=2,y=3,z=4;，则表达式!x+y>z 的值为_____。
2. 设 int x;　x=3*4%-5/6;，则 x 的值为_____。
3. 设(k=a=5,b=3,a*b)，则 k 的值为_____。
4. 下列程序的输出结果为_____。

```
#include <stdio.h>
void main()
{ int a=010,j=10;printf("%d,%d\n",++a,j--);}
```

5. 假设所有变量都为整型，表达式(a=2,b=5,a>b?a++:b++,a+b)的值是_____。
6. 下列语句的输出结果是_____。

```
int a=-1;printf("%x",a);
```

7. 下列程序段要求从键盘输入字符，当输入字母为 Y 时，执行循环体，则下划线上应填写_____。

```
ch=getchar();
```

```
    while(ch ____ 'Y')      /*在下划线上填写*/
        ch=getchar();
```

8. 若有以下定义和语句，则输出结果是_____。

```
char s[12]="a book!";
printf("%d\n",strlen(s));
```

9. 若有以下定义和语句：

```
int a[3][2]={10,20,30,40,50,60},(*p)[2];
p=a;
```

  则表达式*(*(p+2)+1)的值是_____。

10. 已知 a=13,b=6，则 a>>2 的十进制数值为_____。

三、判断题(每题 1 分，共 10 分)

1. 若 i =3，则执行 printf("%d",-i++);语句输出的值为-4。   ( )
2. 语句 scanf("%7.2f",&a);是一个合法的 scanf 函数。   ( )
3. 若 a=3、b=2、c=1，则关系表达式(a>b)==c 的值为真。   ( )
4. 若有定义：int i=10,j=0;，则执行语句 if (j=0)i++; else i--;后，i 的值为 11。( )
5. 若有下列定义和语句：

```
int a[3][3]={{3,5},{8,9},{12,35}},i,sum=0;
for(i=0;i<3;i++)
    sum+=a[i][2-i];
```

  则 sum=21。   ( )

6. C 语言中只能逐个引用数组元素而不能一次引用整个数组。 ( )
7. 如果函数值的类型和 return 语句中表达式的值不一致，则以函数类型为准。
    ( )
8. char *p="girl";的含义是定义字符型指针变量 p，p 的值是字符串"girl"。( )
9. 在 C 语言中，下列定义和语句是合法的。   ( )

```
enum aa{ a=5,b,c}bb;bb=(enum aa)5;
```

10. C 程序中有调用关系的所有函数必须放在同一个源程序文件中。 ( )

四、程序改错题(每题 10 分，共 20 分)

1. 有一数组内存放 10 个整数，要求找出最小数和它的下标，然后把它和数组中最前面的元素即第一个数交换位置。

```
#include <stdio.h>
void main()
{ int  i,a[10],min,k=0;
  printf("\n please input array 10 elements\n");
  for(i=0;i<10;i++)
     /***********FOUND***********/
```

```
            scanf("%d", a[i]);
    for(i=0;i<10;i++)
        printf("%d",a[i]);
    min=a[0];
    /**********FOUND**********/
    for(i=3;i<10;i++)
        /**********FOUND**********/
        if(a[i]>min)
        {   min=a[i];
            k=i;
        }
    /**********FOUND**********/
    a[k]=a[i];
    a[0]=min;
    printf("\n after eschange:\n");
    for(i=0;i<10;i++)
        printf("%d",a[i]);
    printf("\nk=%d\nmin=%d\n",k,min);
}
```

2. 用选择法对数组中的 n 个元素按从小到大的顺序进行排序。

```
#include <stdio.h>
#define N 20
void fun(int a[], int n)
{   int i,j,t,p;
    for(j=0;j<n-1;j++)
    {   /**********FOUND**********/
        p=j
        for(i=j;i<n;i++)
            /**********FOUND**********/
            if(a[i]>a[p])
                /**********FOUND**********/
          p=j;
        t=a[p] ;
        a[p]=a[j] ;
        a[j]=t;
    }
}
void main()
{   int a[N]={9,6,8,3,-1},i,m=5;
    printf("排序前的数据:") ;
    for(i=0;i<m;i++)
        printf("%d ",a[i]);
        printf("\n");
    fun(a,m);
    printf("排序后的数据:") ;
    for(i=0;i<m;i++)
        printf("%d ",a[i]);
    printf("\n");
}
```

五、程序填空题(每题10分，共20分)

1. 打印如下形式的图形。
```
*
**
***
****
```

```c
#include <stdio.h>
void main()
{   int i,j;
    for(i=1;i<=4;i++)
    /***********SPACE***********/
    {   for(j=1; 【1】 ;j++)
            printf("*");
    /***********SPACE***********/
        printf( 【2】 );
    }
}
```

2. 删除一个字符串中的所有数字字符。

```c
#include <stdio.h>
void delnum(char *s)
{   int i,j;
    /***********SPACE***********/
    for(i=0,j=0; 【1】 '\0' ;i++)
        /***********SPACE***********/
        if(s[i]<'0'【2】 s[i]>'9')
        {   /***********SPACE***********/
            【3】 ;
            j++;
        }
    s[j]='\0';
}
void main()
{   char item[80];
    printf("\n input a string:\n");
    item="";
    gets(item);
    /***********SPACE***********/
    【4】 ;
    printf("\n%s",item);
}
```

六、程序设计题(每题10分，共10分)

编写函数 fun 求 1!+2!+3!+…+n!的和，在 main 函数中由键盘输入 n 的值，并输出运算结果。例如，若 n 的值为 5，则结果为 153。

```
#include <stdio.h>
long int  fun(int n)
{  /**********Program**********/




   /**********  End  **********/
}
void main()
{  int n;
   long int result;
   scanf("%d",&n);
   result=fun(n);
   printf("%ld\n",result);
}
```

5.3 自测练习第3套

一、选择题(每题1分，共30分)

1. 一个C语言程序由(   )。
   A. 一个主程序和若干子程序组成   B. 函数组成
   C. 若干过程组成   D. 若干子程序组成

2. 下列标识符中，不能作为合法的C语言的用户定义标识符的是(   )。
   A. a3_b3   B. void   C. _123   D. IF

3. 若 int a=2，则表达式 a-=a+=a*a 计算完之后，a 的值是(   )。
   A. -8   B. -4   C. -2   D. 0

4. 以下数值中，不正确的八进制数或十六进制数是(   )。
   A. 0x16   B. 16   C. -16   D. 0xaaaa

5. 若下列变量均为整型，且 num=sum=7;，则表达式 sum=num++,sum++,++num 计算完之后，sum 的值为(   )。
   A. 7   B. 8   C. 9   D. 10

6. 若有定义：int a=7;float x=2.5,y=4.7;，则表达式 x+a%3*(int)(x+y)%2/4 的值是(   )。
   A. 2.500000   B. 2.750000   C. 3.500000   D. 0.000000

7. 语句 printf("a\bre\'hi\'y\\\bou\n");执行后的输出结果是(说明：'\b'是退格符)(   )。
   A. a\bre\'hi\'y\\\bou   B. a\bre\'hi\'y\bou
   C. re'hi'you   D. abre'hi'y\bou

8. 下列程序的输出结果是(   )。
```
main()
{  int  i,j,k,a=3,b=2;
   i=(--a==b++)?--a:++b;
   j=a++;k=b;
```

```
    printf("i=%d,j=%d,k=%d\n",i,j,k);
}
```
   A．i=2,j=1,k=3   B．i=1,j=1,k=2   C．i=4,j=2,k=4   D．i=1,j=1,k=3
9．putchar 函数可以向终端输出一个(　　)。
   A．整型变量表达式值   B．实型变量值
   C．字符串   D．字符或字符型变量值
10．已知：int a,b;，用语句 scanf("%d%d",&a,&b);输入 a、b 的值时，不能作为输入数据的分隔符的是(　　)。
   A．，   B．空格   C．回车   D．<Tab>
11．假设所有变量均已正确定义，则下列程序段运行后 x 的值是(　　)。
```
k1=1;
k2=2;
k3=3;
x=15;
if(!k1) x--;
else if(k2) x=4;
else x=3;
```
   A．14   B．4   C．15   D．3
12．下列程序的输出结果是(　　)。
```
void main()
{   int x=1,a=0,b=0;
    switch(x)
    {  case 0: b++;
       case 1: a++;
       case 2: a++;b++;}
    printf("a=%d,b=%d",a,b);
}
```
   A．2,1   B．1,1   C．1,0   D．2,2
13．为表示关系 x≥y≥z，应使用 C 语言表达式(　　)。
   A．(x>=y)&&(y>=z)   B．(x>=y) AND (y>=z)
   C．(x>=y>=z)   D．(x>=z)&(y>=z)
14．若整型变量 x=1，y=3，经下列计算后，x 的值不等于 6 的是(　　)。
   A．x=(x=1+2,x*2)   B．x=y>2?6:5
   C．x=9-(--y)-(y--)   D．x=y*4/2
15．下列程序段的输出结果是(　　)。
```
for(i=4;i>1;i--)
    for(j=1;j<i;j++)
        putchar('#');
```
   A．无   B．######   C．#   D．###
16．C 语言中 while 和 do-while 循环的主要区别是(　　)。

A. while 的循环控制条件比 do-while 的循环控制条件严格
B. do-while 的循环体至少无条件执行一次
C. do-while 允许从外部转到循环体内
D. do-while 循环体不能是复合语句

17. 执行语句 for(i=1;i++<4;);后，变量 i 的值是(　　)。
    A. 3　　　　　B. 4　　　　　C. 5　　　　　D. 不定

18. 下列定义数组的语句中正确的是(　　)。
    A. #define size 10　char　str1[size],str2[size+2];
    B. char str[];
    C. int num['10'];
    D. int n=5; int a[n][n+2];

19. 设有数组定义：char array [ ]="China";，则数组 array 所占的空间为(　　)。
    A. 4 个字节　　B. 5 个字节　　C. 6 个字节　　D. 7 个字节

20. 若有定义：int a[10];，则合法的数组元素的最小下标值是(　　)。
    A. 10　　　　B. 9　　　　　C. 1　　　　　D. 0

21. 已定义两个字符数组 a、b，则下列正确的输入格式是(　　)。
    A. scanf("%s%s", a, b);　　　　B. get(a, b);
    C. scanf("%s%s", &a, &b);　　　D. gets("a"),gets("b");

22. 与实际参数为实型数组名相对应的形式参数不可以定义为(　　)。
    A. float a[];　　B. float *a;　　C. float a;　　D. float (*a)[3];

23. 下列语句的输出结果是(　　)。

    printf("%d\n",strlen("\t\"\065\xff\n"));

    A. 5　　　　　B. 14　　　　C. 8　　　　　D. 无法正常输出

24. C 语言规定，函数返回值的类型是由(　　)。
    A. return 语句中的表达式类型决定
    B. 调用该函数时的主调函数类型决定
    C. 调用该函数时系统临时决定
    D. 在定义该函数时所指定的函数类型决定

25. 在语句 int *f();中，标识符 f 代表的是(　　)。
    A. 一个用于指向整型数据的指针变量
    B. 一个用于指向一维数组的行指针
    C. 一个用于指向函数的指针变量
    D. 一个返回值为指针型的函数名

26. 若有定义：int a[10],*p=a;，则 p+5 表示(　　)。
    A. 元素 a[5]的地址　　　　　B. 元素 a[5]的值
    C. 元素 a[6]的地址　　　　　D. 元素 a[6]的值

第五部分 自测练习

27. 若有定义：int a[10]={1,2,3,4,5,6,7,8};int *p;p=&a[5]; ，则 p[-3]的值是(   )。
    A. 2   B. 3   C. 4   D. 不一定

28. 指针变量 p 的基类型为 double，并已指向一个连续存储区，若 p 中当前的地址值为 65490，则执行 p++后，p 中的值为(   )。
    A. 65490   B. 65492   C. 65494   D. 65498

29. 下列程序的运行结果为(   )。

```
#define  P  3
#define  S(a)    P*a*a
main()
{  int  ar;
   ar=S(3+5);
   printf("\n%d",ar);
}
```

    A. 192   B. 29   C. 27   D. 25

30. 若要打开 A 盘上 user 子目录下名为 abc.txt 的文本文件进行读、写操作，则下列符合此要求的函数调用方法是(   )。
    A. fopen("A:\user\abc.txt","r")
    B. fopen("A:\\user\\abc.txt","r+")
    C. fopen("A:\user\abc.txt","rb")
    D. fopen("A:\\user\\abc.txt","w")

二、填空题(每空 1 分，共 10 分)

1. 设 x=2&&2||5>1，则 x 的值是_____。
2. 设 a=3、b=4、c=4，则表达式 a+b>c&&b==c&&a||b+c&&b==c 的值是_____。
3. 设 int x=2,y=3,z=4;，则表达式 x+y&&x=y 的值是_____。
4. 若所用变量都已正确定义，则下列程序段的输出结果是_____。

```
for(i=1;i<=5;i++);
    printf("OK\n");
```

5. 若有定义：int x=1,y=2,z=3;，则表达式 z+=x>y?++x:++y 的值是_____。
6. 合并字符串的库函数是_____(只写函数名)。
7. 如果函数不要求返回值，可用_____来定义函数返回值为空。
8. 若有定义：int a[3][2]={2,4,6,8,10,12};，则表达式*(a[1]+1)的值是_____。
9. 已知 a=13、b=6，则 a&b 的十进制数值为_____。
10. 若有以下定义和语句，则对初值 2 的引用方式为_____。

```
struct st
{ char ch;
  int i;
}arr[3]={'a' , 1 , 'b' , 2 , 'c' , 3};
```

三、判断题(每题 1 分，共 10 分)

1. 表达式 (j=3, j++) 的值是 4。( )
2. 执行语句 printf("%f%%",1.0/3);后，输出结果为 0.333333。( )
3. 逻辑表达式-5&&!8 的值为 1。( )
4. 在 C 语言中，switch 语句中 case 后可为常量或表达式，或者为有确定值的变量或表达式。( )
5. 函数 strlen("ASDFG\n")的值是 7。( )
6. char c[]="Very Good";是一个合法的为字符串数组赋值的语句。( )
7. 如果被调用函数的定义出现在主调函数之前，可以不必加以声明。( )
8. 若有定义：int a[10]={1,2,3,4,5,6,7,8,9,10},*p=a;，则数值为 9 的表达式是*(p+8)。( )
9. 用 fopen("file","r+");语句打开的文件 file 可以进行修改。( )
10. 若有定义：int c;，则 while(c=getchar());是正确的 C 语言语句。( )

四、程序改错题(每题 10 分，共 20 分)

1. 编写函数 fun 求两个整数的最小公倍数，然后用主函数 main 调用这个函数并输出结果，两个整数由键盘输入。

```
#include <stdio.h>
int fun(int m,int n)
{ int i;
  /**********FOUND**********/
  if(m=n)
  { i=m;
    m=n;
    n=i;
  }
  for(i=m;i<=m*n;i+=m)
  /**********FOUND**********/
    if(i%n==1)
      return(i);
  return 0;
}
void main()
{ unsigned int m,n,q;
  printf("m,n=");
  scanf("%d,%d",&m,&n);
  /**********FOUND**********/
  q==fun(m,n);
  printf("p(%d,%d)=%d",m,n,q);
}
```

2. 将 6 个数按输入时顺序的逆序进行排列。

```
#include <stdio.h>
```

```
sort(char *p,int m)
{  int i;
   char change,*p1,*p2;
   for(i=0;i<m/2;i++)
   {  /***********FOUND***********/
      *p1=p+i;  *p2=p+(m-1-i);
      change=*p1;
      *p1=*p2;
      *p2=change;
   }
}
void main()
{  int i;
   /***********FOUND***********/
   char  p,num[6];
   for(i=0;i<=5;i++)
      /***********FOUND***********/
      scanf("%d",num[i]);
   p=&num[0];
   /***********FOUND***********/
   sort(*p,6);
   for(i=0;i<=5;i++)
      printf("%d",num[i]);
}
```

五、程序填空题(每题10分,共20分)

1. 求数组中主对角线元素之和。

```
#include <stdio.h>
void main()
{  int a[3][3],s=0,i,j;
   for(i=0;i<3;i++ )
      for(j=0;j<3;j++)
         scanf("%d", &a[i][j] );
   for(i=0;i<3;i++)
      for(j=0;j<3;j++)
         /***********SPACE***********/
         if(  【1】   )
            /***********SPACE***********/
            s+=  【2】 ;
   printf("s=%d\n",s);
}
```

2. 利用指向结构的指针编写求某年某月某日是第几天的程序,其中年、月、日和年天数用结构表示。

```
#include <stdio.h>
#include <stdlib.h>
void main()
```

```
{   /***********SPACE***********/
    【1】 date
    {   int y,m,d,n;
    /***********SPACE***********/
    }【2】;
    int k,f,a[12]={31,28,31,30,31,30,31,31,30,31,30,31};
    printf("date:y,m,d=");
    scanf("%d,%d,%d",&x.y,&x.m,&x.d);
    f=x.y%4==0&&x.y%100!=0||x.y%400==0;
    /***********SPACE***********/
    a[1]+=【3】;
    if(x.m<1||x.m>12||x.d<1||x.d>a[x.m-1]) exit(0);
    for(x.n=x.d,k=0;k<x.m-1;k++)  x.n+=a[k];
        /***********SPACE***********/
        printf("n=%d\n",【4】);
}
```

六、程序设计题(每题 10 分,共 10 分)

编写函数实现两个数据的交换,在主函数中输入任意 3 个数据,调用函数对这 3 个数据从大到小排序。

```
#include <stdio.h>
void swap(int *a,int *b)
{   /**********Program**********/



    /********** End **********/
}
void main()
{   int x,y,z;
    scanf("%d%d%d",&x,&y,&z);
    if(x<y)  swap(&x,&y);
    if(x<z)  swap(&x,&z);
    if(y<z)  swap(&y,&z);
    printf("%3d%3d%3d",x,y,z);
}
```

5.4　自测练习第 4 套

一、选择题(每题 1 分,共 30 分)

1. 任何一个 C 语言的可执行程序都是从(　　)开始执行的。
   A. 程序中的第一个函数　　　　　B. main 函数的入口处
   C. 程序中的第一条语句　　　　　D. 编译预处理语句

2. C语言中，char 类型数据占(   )。
   A. 1个字节　　　B. 2个字节　　　C. 4个字节　　　D. 8个字节
3. 设变量a是整型，f是实型，i是双精度型，则表达式 10+'a'+i*f 的值的数据类型为(   )。
   A. int　　　　　B. float　　　　C. double　　　　D. 不确定
4. 已知大写字母 A 的 ASCII 码值是 65，小写字母 a 的 ASCII 码值是 97，则用八进制表示的字符常量'\101'是(   )。
   A. 字符 A　　　B. 字符 a　　　C. 字符 e　　　D. 非法的常量
5. C语言中，double 类型数据占(   )。
   A. 1个字节　　　B. 2个字节　　　C. 4个字节　　　D. 8个字节
6. 下列程序的输出结果是(   )。

```
void main()
{ int j;
  j=3;
  printf("%d,",++j);
  printf("%d",j++);
}
```

   A. 3,3　　　　　B. 3,4　　　　　C. 4,3　　　　　D. 4,4
7. 若已定义 x 和 y 为 double 类型，则表达式 x=1,y=x+3/2 的值是(   )。
   A. 1　　　　　　B. 2　　　　　　C. 2.0　　　　　D. 2.5
8. C语言程序的3种基本结构是顺序结构、选择结构和(   )结构。
   A. 循环　　　　　B. 递归　　　　　C. 转移　　　　　D. 嵌套
9. 下列程序的输出结果是(   )。

```
void main()
{ int m=7,n=4;
  float a=38.4,b=6.4,x;
  x=m/2+n*a/b+1/2;
  printf("%f\n",x);
}
```

   A. 27.000000　　B. 27.500000　　C. 28.000000　　D. 28.500000
10. 下列程序的输出结果是(   )。

```
#include <stdio.h>
void main()
{ double d; float f;long l; int i;
  i=f=l=d=20/3;
  printf("%d %ld %3.1f %3.1f\n",i,l,f,d);
}
```

   A. 6 6 6.0 6.0　　B. 6 6 6.7 6.7　　C. 6 6 6.0 6.7　　D. 6 6 6.7 6.0
11. 若有定义：int x=1,y=1;，则表达式(!x||y--)的值是(   )。
    A. 0　　　　　　B. 1　　　　　　C. 2　　　　　　D. -1

12. 执行下列程序段后，m 的值是(   )。
```
int w=2,x=3,y=4,z=5,m;
m=(w<x)?w:x;
m=(m<y)?m:y;
m=(m<z)?m:z;
```
  A. 4   B. 3   C. 5   D. 2

13. 执行下列语句后的输出结果是(   )。
```
int j=-1;
if(j<=1) printf("****\n");
else     printf("%%%%\n");
```
  A. **** B. %%%% C. %%%%c D. 有错,执行不正确

14. 已知 year 为整型变量，不能使表达式(year%4==0&&year%100!=0)||year%400==0 的值为真的数据是(   )。
  A. 1990 B. 1992 C. 1996 D. 2000

15. 下列程序的输出结果是(   )。
```
void main()
{   int n;
    for(n=1;n<=10;n++)
    {  if(n%3==0) continue;
       printf("%d",n);
    }
}
```
  A. 12457810 B. 369 C. 12 D. 1234567890

16. 在 C 语言中，为了结束由 while 语句构成的循环，while 后一对圆括号中表达式的值应该为(   )。
  A. 0   B. 1   C. True D. 非 0

17. 判断两个字符串是否相等，正确的表达方式是(   )。
  A. while(s1==s2)   B. while(s1=s2)
  C. while(strcmp(s1,s2)==0) D. while(strcmp(s1,s2)=0)

18. 若输入 ab，则程序的输出结果为(   )。
```
void main()
{  static char a[3];
   scanf("%s",a);
   printf("%c,%c",a[1],a[2]);
}
```
  A. a,b B. a, C. b, D. 程序出错

19. 调用函数 strlen("abcd\0ef\0g")的返回值是(   )。
  A. 9   B. 7   C. 6   D. 4

20．若要定义 a 为 3×4 的二维数组，则正确的定义语句是(　　)。
　　A．float a(3,4);　　B．float a[3][4];　　C．float a3.4;　　D．float a[3,4];
21．合法的数组定义是(　　)。
　　A．int a[ ]="string";　　　　　　B．int a[5]={0,1,2,3,4,5};
　　C．char a[ ]="string";　　　　　 D．char a={0,1,2,3,4,5};
22．C 语言函数内定义的局部变量的隐含存储类型是(　　)。
　　A．static　　　　B．auto　　　　C．register　　　　D．extern
23．若用数组名作为函数的实参，则传递给形参的是(　　)。
　　A．数组的首地址　　　　　　　　B．数组中第一个元素的值
　　C．数组中全部元素的值　　　　　D．数组元素的个数
24．下列函数调用语句中实参的个数是(　　)。

```
func((e1,e2),(e3,e4,e5));
```

　　A．2　　　　　　B．3　　　　　　C．5　　　　　　D．语法错误
25．若有定义：int a[][]={{1,2},{3,4}};，则*(a+1)、*(*a+1)的含义分别为(　　)。
　　A．非法、2　　B．&a[1][0]、2　　C．&a[0][1]、3　　D．a[0][0]、4
26．若有定义：int a=511,*b=&a;，则执行语句 printf("%d\n",*b);的输出结果为(　　)。
　　A．无确定值　　B．a 的地址　　C．512　　D．511
27．设变量定义为：int x, *p=&x;，则&(*p)相当于 (　　)。
　　A．p　　　　　　B．*p　　　　　　C．x　　　　　　D．*(&x)
28．若有以下定义和说明，则下列叙述中不正确的是(　　)。

```
struct stu
{  int a;
   float b;
}student;
```

　　A．struct 是结构体类型的关键字
　　B．struct stu 是用户定义的结构体类型
　　C．student 是用户定义的结构体类型名
　　D．a 和 b 都是结构体成员名
29．若要说明一个类型名 STP，使得定义语句 STP s 等价于 char *s，则下列选项中正确的是(　　)。
　　A．typedef STP char *s;　　　　B．typedef *char STP;
　　C．typedef stp *char;　　　　　D．typedef char* STP;
30．已知函数的调用形式为：fread(buffer,size,count,fp);，其中 buffer 代表的是(　　)。
　　A．一个整数，代表要读入的数据项总数
　　B．一个文件指针，指向要读的文件
　　C．一个指针，指向要读入数据的存放地址
　　D．一个存储区，存放要读的数据项

二、填空题(每空1分，共10分)

1．设变量定义为：char w; int x; float y; double z;，并已赋确定的值，则表达式 w*x+z-y 的值的数据类型是_____。

2．表示 x≥y≥z 的 C 语言表达式是_____。

3．设 x 和 y 均为 int 型变量，且 x=1、y=2，则表达式 1.0+x/y 的值为_____。

4．C 语言程序的 3 种基本结构是_____结构、选择结构和循环结构。

5．已知 i=5，语句 a=(i>5)?0:1;执行后，整型变量 a 的值是_____。

6．求字符串长度的库函数是_____(只写函数名)。

7．函数的_____调用是一个函数直接或间接地调用它自身。

8．设变量定义为：int i=5,*p1=&i,**p2=&p1;，则**p2 的值为_____。

9．设变量定义为：int x=3, *p=&x;，变量 x 的地址为 2000，则*p=_____，&(*p)=_____ (填数字)。

三、判断题(每题1分，共10分)

1．C 语言中%运算符的运算对象必须是整型。   (   )
2．若有定义和语句：int a;char c;float f;scanf("%d,%c,%f",&a,&c,&f);，若通过键盘输入 10,A,12.5，则 a=10,c='A',f=12.5。   (   )
3．关系运算符<=与==的优先级相同。   (   )
4．循环结构中的 continue 语句是使整个循环结束执行。   (   )
5．如果想使一个数组中全部元素的值为 0，可以写成 int a[10]={0*10};。   (   )
6．字符处理函数 strcpy(str1,str2)的功能是把字符串 1 接到字符串 2 的后面。   (   )
7．在 C 语言程序中，函数既可以嵌套定义，也可以嵌套调用。   (   )
8．int i,*p=&i;是正确的 C 语言语句。   (   )
9．在 Turbo C 中，下面的定义和语句是合法的：file *fp;fp=fopen("a.txt","r");。 (   )
10．十进制数 15 的二进制数是 1111。   (   )

四、程序改错题(每题10分，共20分)

1．用起泡法对连续输入的 10 个字符排序后按从小到大的顺序输出。

```
#include <stdio.h>
#include <string.h>
#define   N  10
sort(char str[N])
{  int i,j; char t;
   for(j=1;j<N;j++)
      /***********FOUND***********/
      for(i=0;i<N-j;i--)
         /***********FOUND***********/
         if(str[i]<str[i+1])
         {  t=str[i];
            str[i]=str[i+1];
            str[i+1]=t;
         }
}
```

```
}
void main()
{  int  i;
   char  str[N];
   for(i=0;i<N;i++)
       /***********FOUND***********/
       scanf("%c",str[i]);
   /***********FOUND***********/
   sort(str[N]);
   for(i=0;i<N;i++)
       printf("%c",str[i]);
   printf("\n");
}
```

2. 先将字符串 s 中的字符按逆序存放到字符串 t 中，然后把字符串 s 中的字符按正序连接到字符串 t 的后面。例如，当 s 字符串为 ABCDE 时，则 t 字符串应为 EDCBAABCDE。

```
#include <conio.h>
#include <stdio.h>
#include <string.h>
void fun(char *s, char *t)
{  /**********FOUND**********/
   int i;
   sl=strlen(s);
   for(i=0; i<sl; i++)
       /**********FOUND**********/
       t[i]=s[sl-i];
   for(i=0; i<sl; i++)
       /**********FOUND**********/
       t[sl]=s[i];
   t[2*sl]='\0';
}
void main()
{  char s[100], t[100];
   printf("\nPlease enter string s:"); scanf("%s", s);
   fun(s, t);
   printf("The result is: %s\n", t);
}
```

五、程序填空题(每题 10 分，共 20 分)

1. 从键盘输入一个字符串，先将小写字母全部转换为大写字母，然后输出到一个磁盘文件 test 中保存。输入的字符串以 "!" 结束。

```
#include <stdio.h>
#include <string.h>
#include <stdlib.h>
void main()
{  FILE *fp;
   char str[100];
```

```
    int i=0;
/***********SPACE***********/
    if((fp=fopen("test",【1】))==NULL)
    { printf("cannot open the file\n");
        exit(0);
    }
    printf("please input a string:\n");
/***********SPACE***********/
    gets(【2】);
    while(str[i]!='!')
    { /***********SPACE***********/
        if(str[i]>='a'&&【3】)
            str[i]=str[i]-32;
        fputc(str[i],fp);
        i++;
    }
/***********SPACE***********/
    fclose(【4】);
    fp=fopen("test","r");
    fgets(str,strlen(str)+1,fp);
    printf("%s\n",str);
    fclose(fp);
}
```

2. 三角形的面积计算公式为 area=sqrt(s*(s-a)*(s-b)*(s-c))，其中 s=(a+b+c)/2，a、b、c 为三角形 3 条边的长。定义两个带参数的宏，一个用来求 s，另一个用来求 area。要求在程序中用带参数的宏求面积 area。

```
#include <stdio.h>
#include <math.h>
/***********SPACE***********/
#【1】 S(x,y,z)  (x+y+z)/2
#define AREA(s,x,y,z) sqrt(s*(s-x)*(s-y)*(s-z))
void main()
{ double area;
    float a,b,c,s;
    printf("a,b,c=");
/***********SPACE***********/
    scanf("%f,%f,%f",&a,【2】,&c);
    if(a+b>c&&b+c>a&&c+a>b)
    { /***********SPACE***********/
        s=【3】;
    /***********SPACE***********/
        area=【4】;
        printf("area=%f\n",area);
    }
}
```

六、程序设计题(每题 10 分，共 10 分)

将字符串中的小写字母转换为对应的大写字母，其他字符不变。

```
#include <string.h>
#include <stdio.h>
void change(char str[])
{  /**********Program**********/



   /********** End **********/
}
void main()
{  void change();
   char str[40];
   gets(str);
   change(str);
   puts(str);
}
```

5.5 全国计算机等级考试二级 C 语言程序设计模拟题 1

一、选择题(每题 1 分，共 40 分)

1. 下列叙述中正确的是(   )。
   A．一个算法的空间复杂度大，则其时间复杂度必定大
   B．一个算法的空间复杂度大，则其时间复杂度必定小
   C．一个算法的时间复杂度大，则其空间复杂度必定小
   D．算法的时间复杂度与空间复杂度没有直接关系
2. 下列叙述中正确的是(   )。
   A．循环队列中的元素个数随队头指针与队尾指针的变化而动态变化
   B．循环队列中的元素个数随队头指针的变化而动态变化
   C．循环队列中的元素个数随队尾指针的变化而动态变化
   D．以上说法都不对
3. 一棵二叉树中共有 80 个叶子节点与 70 个度为 1 的节点，则该二叉树中的总节点数为(   )。
   A．219   B．229   C．230   D．231
4. 对长度为 10 的线性表进行冒泡排序，最坏情况下需要比较的次数为(   )。
   A．9   B．10   C．45   D．90
5. 构成计算机软件的是(   )。
   A．源代码   B．程序和数据
   C．程序和文档   D．程序、数据及相关文档

6. 软件生命周期可分为定义阶段、开发阶段和维护阶段，下列不属于开发阶段任务的是(　　)。

　　A．测试　　　　B．设计　　　　C．可行性研究　　D．实现

7. 下列不能作为结构化方法软件需求分析工具的是(　　)。

　　A．系统结构图　　　　　　　　B．数据字典

　　C．数据流程图　　　　　　　　D．判定表

8. 在关系模型中，每一个二维表称为一个(　　)。

　　A．关系　　　　B．属性　　　　C．元组　　　　D．主码(键)

9. 若实体A和B是一对多的联系，实体B和C是一对一的联系，则实体A和C的联系是(　　)。

　　A．一对一　　　B．一对多　　　C．多对一　　　D．多对多

10. 有以下3个关系R、S和T：

R		
A	B	C
a	1	2
b	2	1
c	3	1

S		
A	B	C
d	3	2
c	3	1

T		
A	B	C
a	1	2
b	2	1
c	3	1
d	3	2

则由关系R和S得到关系T的操作是(　　)。

　　A．选择　　　　B．投影　　　　C．交　　　　　D．并

11. 下列叙述中正确的是(　　)。

　　A．C语言程序所调用的函数必须放在main函数的前面

　　B．C语言程序总是从最前面的函数开始执行

　　C．C语言程序中main函数必须放在程序的开始位置

　　D．C语言程序总是从main函数开始执行

12. C语言程序中，运算对象必须是整型数的运算符是(　　)。

　　A．&&　　　　B．/　　　　　C．%　　　　　D．*

13. 有以下程序：

```
#include <stdio.h>
void main()
{ int sum, pad,pAd;
  sum=pad=5;
  pAd=++sum,pAd++,++pad;
  printf("%d\n",pad);
}
```

程序的输出结果是(　　)。

　　A．5　　　　　B．6　　　　　C．7　　　　　D．8

14. 有以下程序：

```
#include <stdio.h>
void main()
```

```
{   int a=3;
    a+=a-=a*a;
    printf("%d\n",a);
}
```

程序的输出结果是(　　)。

　　A. 0　　　　　　B. 9　　　　　　C. 3　　　　　　D. -12

15. sizeof(double)是(　　)。

　　A. 一个整型表达式　　　　　　B. 一个双精度型表达式

　　C. 一个不合法的表达式　　　　D. 一种函数调用

16. 有以下程序：

```
#include <stdio.h>
void main()
{   int a=2,c=5;
    printf("a=%%d,b=%%d\n",a,c);
}
```

程序的输出结果是(　　)。

　　A. a=2,b=5　　　B. a=%2,b=%5　　C. a=%d,b=%d　　D. a=%%d,b=%%d

17. 若有定义语句：char a='\82';，则变量 a (　　)。

　　A. 说明不合法　　　　　　　　B. 包含 1 个字符

　　C. 包含 2 个字符　　　　　　　D. 包含 3 个字符

18. 有以下程序：

```
#include <stdio.h>
void main()
{   char c1='A',c2='Y';
    printf("%d,%d\n",c1,c2);
}
```

程序的输出结果是(　　)。

　　A. 输出格式不合法，输出出错信息　B. 65,89

　　C. 65,90　　　　　　　　　　　　D. A,Y

19. 若变量已正确定义：for(x=0,y=0;(y!=99&&x<4);x++)，则 for 循环(　　)。

　　A. 执行 3 次　　　　　　　　　B. 执行 4 次

　　C. 执行无限次　　　　　　　　D. 执行次数不定

20. 对于 while(!E) s;，若要执行循环体 s，则 E 的取值应(　　)。

　　A. 等于 1　　　B. 不等于 0　　　C. 不等于 1　　　D. 等于 0

21. 有以下程序：

```
#include <stdio.h>
void main()
{   int x;
    for(x=3;x<6;x++)
        printf((x%2)?("*%d"):("#%d"),x);
```

```
     printf("\n");
}
```

程序的输出结果是(   )。

　　A．*3#4*5　　　　B．#3*4#5　　　　C．*3*4#5　　　　D．*3#4#5

22．有以下程序：

```
#include <stdio.h>
void main()
{   int a,b;
    for(a=1,b=1;a<=100;a++)
    {   if(b>=20) break;
        if(b%3==1){b=b+3;continue;}
        b=b-5;
    }
    printf("%d\n",a);
}
```

程序的输出结果是(　　)。

　　A．10　　　　B．9　　　　C．8　　　　D．7

23．有以下程序：

```
#include <stdio.h>
void fun(int x,int y,int *c,int *d)
{   *c=x+y;*d=x-y;}
void main()
{   int a=4,b=3,c=0,d=0;
    fun(a,b,&c,&d);
    printf("%d% d\n",c,d);
}
```

程序的输出结果是(　　)。

　　A．0 0　　　　B．4 3　　　　C．3 4　　　　D．7 1

24．有以下程序：

```
#include <stdio.h>
void fun(int *p,int *q)
{   int t;
    t=*p;*p=*q;*q=t;
    *q=*p;
}
void main()
{   int a=0,b=9;
    fun(&a,&b);
    printf("%d %d\n",a,b);
}
```

程序的输出结果是(　　)。

　　A．9 0　　　　B．0 0　　　　C．9 9　　　　D．0 9

25．有以下程序：

```
#include <stdio.h>
void main()
{ int a[]={2,4,6,8,10},x,*p,y=1;
  p=&a[1];
  for(x=0;x<3;x++)   y+=*(p+x);
  printf("%d\n",y);
}
```

程序的输出结果是(   )。
   A．13   B．19   C．11   D．15

26．有以下程序：

```
#include <stdio.h>
void main()
{ int i,x[3][3]={1,2,3,4,5,6,7,8,9};
  for(i=0;i<3;i++)
     printf("%d",x[i][2-i]);
  printf("\n");
}
```

程序的输出结果是(   )。
   A．1 5 0   B．3 5 7   C．1 4 7   D．3 6 9

27．设有某函数的说明为 int *func(int a[10],int n);，则下列叙述中正确的是(   )。
   A．形参 a 对应的实参只能是数组名
   B．说明中的 a[10]写成 a[]或*a 效果完全一样
   C．func 的函数体中不能对 a 进行移动指针(如 a++)的操作
   D．只有指向 10 个整数内存单元的指针，才能作为实参传给 a

28．有以下程序：

```
#include <stdio.h>
char fun(char *c)
{ if(*c<='Z'&&*c>='A')
     *c-='A'-'a';
  return *c;
}
void main()
{ char s[81],*p=s;
  gets(s);
  while(*p)
  { *p=fun(p);
    putchar(*p);
    p++;
  }
  printf("\n");
}
```

若运行时从键盘上输入 OPEN　THED　OOR<回车>，则程序的输出结果是(　　)。
    A．OPEN　THE　DOOR　　　　B．oPEN　tHE　dOOR
    C．open　the　door　　　　　D．Open　The　Door

29．设有定义语句：char *aa[2]={"abcd","ABCD"};，则下列叙述中正确的是(　　)。
    A．aa[0]存放了字符串"abcd"的首地址
    B．aa 数组的两个元素只能存放含有 4 个字符的一维数组的首地址
    C．aa 数组的值分别是字符串"abcd"和"ABCD"
    D．aa 是指针变量，它指向含有两个元素的字符型数组

30．有以下程序：

```
#include <stdio.h>
int fun(char *s)
{ char *p=s;
   while(*p!=0)  p++;
   return(p-s);
}
void main()
{ printf("%d\n",fun("goodbey!"));
}
```

程序的输出结果是(　　)。
    A．0　　　　　　B．6　　　　　　C．7　　　　　　D．8

31．有以下程序：

```
#include <stdio.h>
int fun(int n)
{ int a;
   if(n==1) return 1;
   a=n+fun(n-1);
   return(a);
}
void main()
{ printf("%d\n",fun(5));
}
```

程序的输出结果是(　　)。
    A．9　　　　　　B．14　　　　　C．10　　　　　D．15

32．有以下程序：

```
#include <stdio.h>
int d=1;
void fun(int p)
{ int d=5;
   d+=p++;
   printf("%d",d);
}
void main()
```

```
{   int a=3;
    fun(a);
    d+=a++;
    printf("%d\n",d);
}
```

程序的输出结果是(   )。
　　A. 8 4　　　　B. 9 6　　　　C. 9 4　　　　D. 8 5

33．有以下程序：

```
#include <stdio.h>
int fun(int a)
{   int b=0;
    static int c=3;
    a=(c++,b++);
    return(a);
}
void main()
{   int a=2,i,k;
    for(i=0;i<2;i++)
        k=fun(a++);
    printf("%d\n",k);
}
```

程序的输出结果是(   )。
　　A. 4　　　　　B. 0　　　　　C. 1　　　　　D. 2

34．有以下程序：

```
#include <stdio.h>
void main()
{   char c[2][5]={"6934","8254"},*p[2]
    int i,j,s=0;
    for(i=0;i<2;i++)  p[i]=c[i];
    for(i=0;i<2;i++)
        for(j=0;p[i][j]>0&&p[i][j]<='9';j+=2)
            s=10*s+p[i][j]-'0';
    printf("%d\n",s);
}
```

程序的输出结果是(   )。
　　A. 693825　　B. 69825　　　C. 63825　　　D. 6385

35．有以下程序：

```
#include <stdio.h>
#define SQR(X) X*X
void main()
{   int a=10,k=2,m=1;
    a/=SQR(k+m)/SQR(k+m);
    printf("%d\n",a);
}
```

程序的输出结果是(　　)。
A. 0　　　　B. 1　　　　C. 9　　　　D. 10

36. 有以下程序：

```
#include <stdio.h>
void main()
{   char x=2,y=2,z;
    z=(y<<1)&(x>>1);
    printf("%d\n",z);
}
```

程序的输出结果是(　　)。
A. 1　　　　B. 0　　　　C. 4　　　　D. 8

37. 有以下程序：

```
#include <stdio.h>
struct S{int a;int b;};
void main()
{   struct S a,*p=&a;
    a.a=99;
    printf("%d\n",_____);
}
```

程序要求输出结构体中成员 a 的数据，不能填入横线处的内容是(　　)。
A. a.a　　　　B. *p.a　　　　C. p->a　　　　D. (*p).a

38. 有以下程序：

```
#include <stdio.h>
#include <stdlib.h>
void fun(double *p1,double *p2,double *s)
{   s=(double*)calloc(1,sizeof(double));
    *s=*p1+*(p2+1);
}
void main()
{   double a[2]={1.1,2.2},b[2]={10.0,20.0},*s=a;
    fun(a,b,s);
    printf("%5.2f\n",*s);
}
```

程序的输出结果是(　　)。
A. 21.10　　　　B. 11.10　　　　C. 12.10　　　　D. 1.10

39. 若已建立以下链表结构，指针 p、s 指向节点如下：

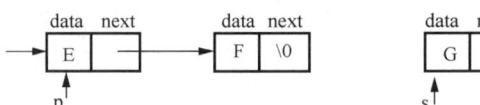

则不能将 s 所指节点插入链表末尾的语句是(　　)。
A. p=p->next;s->next=p;p->next=s;

B. s->next='\0';p=p->next;p->next=s;

C. p=p->next;s->next=p->next;p->next=s;

D. p=(*p).next;(*s).next=(*p).next;(*p).next=s;

40. 若 fp 已定义为指向某文件的指针,且没有读到该文件的末尾,则 C 语言函数 feof(fp) 的返回值是(　　)。

　　A. EOF　　　　　B. 非 0　　　　　C. -1　　　　　D. 0

二、操作题(每题 20 分,共 60 分)

1. 程序填空题

请补充函数 fun,该函数的功能是把从主函数中输入的字符串 str2 接在字符串 str1 的后面。例如,str1="How do",str2="you do?",则结果输出 How do you do?。

注意:请勿改动主函数 main 和其他函数中的任何内容,仅在函数 fun 中的横线上填入所编写的表达式或语句。

试题程序如下。

```
#include <stdio.h>
#include <string.h>
#define N 40
void fun(char *str1, char *str2)
{   int i=0;
    char *p1=str1;
    char *p2=str2;
    /***********SPACE***********/
    while(_____)
       i++;
    /***********SPACE***********/
    for(;_____;i++)
       /***********SPACE***********/
       *(p1+i)=_____;
    *(p1+i)='\0';
}
void main()
{   char str1[N],str2[N];
    printf("*****Input the string str1&str2*****\n");
    printf("\nstr1:");
    gets(str1);
    printf("\nstr2:");
    gets(str2);
    printf("**The string str1&str2**\n");
    puts(str1);
    puts(str2);
    fun(str1,str2);
    printf("*****The new string*****\n");
    puts(str1);
}
```

2. 程序改错题

下列给定程序中，函数 fun 的作用是将字符串 tt 中的小写字母都改为对应的大写字母，其他字符不变。例如，输入 edS,dAd，则结果输出 EDS,DAD。请改正程序中的错误，使它能得到正确结果。

注意：不要改动 main 函数，不得增行或删行，也不得更改程序的结构。

试题程序如下。

```
#include <stdio.h>
#include <string.h>
/***********SPACE***********/
char fun(char tt[])
{   int i;
    for(i=0;tt[i];i++)
    /***********SPACE***********/
    {   if((tt[i]>='A')&&(tt[i]<='Z'))
            tt[i]-=32;
    }
    return(tt);
}
void main()
{   char tt[81];
    printf("\nPlease enter a string:");
    gets(tt);
    printf("\nThe result string is:\n%s",fun(tt));
}
```

3. 程序设计题

请编写函数 fun，该函数的功能是移动一维数组中的内容，若数组中有 n 个整数，要求把下标从 p 到 n-1(p≤n-1)的数组元素平移到数组的前面。

例如，一维数组中的原始内容为 1,2,3,4,5,6,7,8,9,10,11,12,13,14,15，p 的值为 6，则移动后，一维数组中的内容应为 7,8,9,10,11,12,13,14,15,1,2,3,4,5,6。

注意：请勿改动主函数 main 和其他函数中的任何内容，仅在函数 fun 的花括号中填入所编写的语句。

试题程序如下。

```
#include <stdio.h>
#define N 80
void fun(int *w,int p,int n)
{   /**********Program**********/



    /********** End **********/
}
void main()
```

```
{  int a[N]={1,2,3,4,5,6,7,8,9,10,11,12,13,14,15};
   int i,p,n=15;
   printf("The original data:\n");
   for(i=0;i<N;i++)
      printf("%3d",a[i]);
   printf("\n\nEnter p:");
   scanf("%d",&p);
   fun(a,p,n);
   printf("\nThe data after moving:\n");
   for(i=0;i<N;i++)
      printf("%3d",a[i]);
   printf("\n\n");
}
```

5.6 全国计算机等级考试二级 C 语言程序设计模拟题 2

一、选择题(每题 1 分，共 40 分)

1. 下列叙述中正确的是(　　)。
   A．线性表的链式存储结构与顺序存储结构所需要的存储空间是相同的
   B．线性表的链式存储结构所需要的存储空间一般要多于顺序存储结构
   C．线性表的链式存储结构所需要的存储空间一般要少于顺序存储结构
   D．线性表的链式存储结构与顺序存储结构在存储空间的需求上没有可比性
2. 下列叙述中正确的是(　　)。
   A．栈是一种先进先出的线性表　　B．队列是一种后进先出的线性表
   C．栈与队列都是非线性结构　　　D．以上说法都不对
3. 软件测试的目的是(　　)。
   A．评估软件的可靠性　　　　　　B．发现并改正程序中的错误
   C．改正程序中的错误　　　　　　D．发现程序中的错误
4. 在软件开发中，需求分析阶段产生的主要文档是(　　)。
   A．软件集成测试计划　　　　　　B．软件详细设计说明书
   C．用户手册　　　　　　　　　　D．软件需求规格说明书
5. 软件生命周期是指(　　)。
   A．软件产品从提出、实现、使用维护到停止使用退役的过程
   B．软件从需求分析、设计、实现到测试完成的过程
   C．软件的开发过程
   D．软件的运行维护过程
6. 面向对象的方法中，继承是指(　　)。
   A．一组对象所具有的相似性质
   B．一个对象具有另一个对象的性质
   C．各对象之间的共同性质
   D．类之间共享属性和操作的机制

7. 层次型、网状型和关系型数据库的划分原则是( )。
   A. 记录的长度   B. 文件的大小
   C. 联系的复杂程度   D. 数据之间的联系方式

8. 一个工作人员可以使用多台计算机，而一台计算机可被多个人使用，则实体工作人员与实体计算机之间的联系是( )。
   A. 一对一   B. 一对多   C. 多对多   D. 多对一

9. 数据库设计中反映用户对数据要求的模式是( )。
   A. 内模式   B. 概念模式   C. 外模式   D. 设计模式

10. 有以下3个关系R、S和T：

R		
A	B	C
a	1	2
b	2	1
c	3	1

S		
A	B	C
a	1	2
b	2	1

T		
A	B	C
c	3	1

则由关系 R 和 S 得到关系 T 的操作是( )。
   A. 自然连接   B. 差   C. 交   D. 并

11. 计算机能直接执行的程序是( )。
    A. 源程序   B. 目标程序   C. 汇编程序   D. 可执行程序

12. 下列叙述中正确的是( )。
    A. C 语言规定必须用 main 作为主函数名，程序将从此开始执行
    B. 可以在程序中由用户指定任意一个函数作为主函数，程序将从此开始执行
    C. C 语言程序将从源程序中的第一个函数开始执行
    D. main 的各种大小写拼写形式都可以作为主函数名，如 MAIN、Main 等

13. 下列选项中可作为 C 语言合法实数的是( )。
    A. 3.0e0.2   B. .1e0   C. E9   D. 9.12E

14. 下列定义变量的语句中错误的是( )。
    A. int _int;   B. double int_;   C. char For;   D. float US$;

15. 表达式(int)((double)9/2)-9%2 的值是( )。
    A. 0   B. 3   C. 4   D. 5

16. 设变量均已正确定义，若要通过 scanf("%d%c%d%c",&a1,&c1,&a2,&c2);语句为变量 a1 和 a2 赋数值 10 和 20，为变量 c1 和 c2 赋字符 X 和 Y，则下列输入形式中正确的是(注：□代表空格字符)( )。
    A. 10□X<回车> 20□Y<回车>   B. 10□X20□Y<回车>
    C. 10X<回车>20Y<回车>   D. 10□X□20□Y<回车>

17. 下列选项中不能作为 C 语言合法常量的是( )。
    A. 0.1e+6   B. 'cd'   C. "\a"   D. '\011'

18. if 语句的基本形式是：if(表达式)语句，下列关于表达式值的叙述中正确的是( )。
    A. 必须是逻辑值   B. 必须是整数值

C. 必须是正数　　　　　　　　D. 可以是任意合法的数值

19. 有以下嵌套的 if 语句：

```
if(a<b)
   if(a<c) k=a;
   else k=c;
else
   if(b<c) k=b;
   else k=c;
```

下列选项中与上述 if 语句等价的语句是(　　)。

A. k=(a<b)?((b<c)?a:b):((b>c)?b:c);
B. k=(a<b)?((a<c)?a:c):((b<c)?b:c);
C. k=(a<b)?a:b;k=(b<c)?b:c;
D. k=(a<b)?a:b;k=(a<c)?a:c;

20. 有以下程序：

```
#include <stdio.h>
void main()
{  int k=5;
   while(--k) printf("%d",k-=3);
   printf("\n");
}
```

程序的输出结果是(　　)。

A. 1　　　　　　B. 2　　　　　　C. 4　　　　　　D. 死循环

21. 有以下程序：

```
#include <stdio.h>
void main()
{  int i,j;
   for(i=3;i>=1;i--)
   {   for(j=1;j<=2;j++) printf("%d",i+j);
       printf("\n");
   }
}
```

程序的输出结果是(　　)。

A.	B.	C.	D.
4 3	4 5	2 3	2 3
2 5	3 4	3 4	3 4
4 3	2 3	4 5	2 3

22. 有以下程序：

```
#include <stdio.h>
void main()
{  int k=5,n=0;
   do
   {  switch(k)
      {  case 1: case 3:n+=1;k--;break;
```

```
        default:n=0;k--;
        case 2: case 4:n+=2;k--;break;
    }
    printf("%d",n);
}while(k>0&&n<5);
}
```

程序的输出结果是(   )。
  A．02356   B．0235   C．235   D．2356

23．下列关于 return 语句的叙述中正确的是(   )。
  A．一个自定义函数中必须有一条 return 语句
  B．一个自定义函数中可以根据不同情况设置多条 return 语句
  C．定义成 void 类型的函数中可以有带返回值的 return 语句
  D．没有 return 语句的自定义函数在执行结束时不能返回到调用处

24．已定义以下函数：

```
int fun(int *p)
{ return *p; }
```

fun 函数的返回值是(   )。
  A．一个整数   B．不确定的值
  C．形参 p 中存放的值   D．形参 p 的地址值

25．下列程序段完全正确的是(   )。
  A．int *p;scanf("%d",&p);   B．int *p;scanf("%d",p);
  C．int k,*p=&k;scanf("%d",p);   D．int k,*p;*p=&k;scanf("%d",p);

26．设有定义：double a[10],*s=a;，则下列能够代表数组元素 a[3]的是(   )。
  A．(*s)[3]   B．*(s+3)   C．*s[3]   D．*s+3

27．有以下程序：

```
#include <stdio.h>
void f(int *q)
{   int i=0;
    for(;i<5;i++)   (*q)++;
}
void main()
{   int a[5]={1,2,3,4,5},i;
    f(a);
    for(i=0;i<5;i++)   printf("%d,",a[i]);
}
```

程序的输出结果是(   )。
  A．6,2,3,4,5,   B．2,2,3,4,5,   C．1,2,3,4,5,   D．2,3,4,5,6,

28．有以下程序：

```
#include <stdio.h>
int fun(int (*s)[4],int n,int k)
```

```
{   int m,i;
    m=s[0][k];
    for(i=1;i<n;i++)
       if(s[i][k]>m)
          m=s[i][k];
    return m;
}
void main()
{   int a[4][4]={{1,2,3,4},{11,12,13,14},{21,22,23,24},{31,32,33,34}};
    printf("%d\n",fun(a,4,0));
}
```

程序的输出结果是( )。

  A．4   B．34   C．31   D．32

29．下列选项中正确的语句是( )。

  A．char *s;s={"BOOK!"};   B．char *s;s="BOOK!";

  C．char s[10];s="BOOK!";   D．char s[];s="BOOK!";

30．若有定义语句：char *s1="OK",*s2="ok";，则下列选项中能够输出 OK 的语句是( )。

  A．if(strcmp(s1,s2)!=0) puts(s2); B．if(strcmp(s1,s2)!=0) puts(s1);

  C．if(strcmp(s1,s2)==1) puts(s1); D．if(strcmp(s1,s2)==0) puts(s1);

31．有以下程序：

```
#include <stdio.h>
void fun(char **p)
{   ++p;
    printf("%s\n",*p);
}
void main()
{   char *a[]={"Morning","Afternoon","Evening","Night"};
    fun(a);
}
```

程序的输出结果是( )。

  A．Afternoon B．fternoon C．Morning D．orning

32．有以下程序，程序中库函数 islower(ch)用来判断 ch 中的字母是否为小写字母：

```
#include <stdio.h>
#include <ctype.h>
void fun(char *p)
{   int i=0;
    while(p[i])
    {   if(p[i]==' '&&islower(p[i-1]))
           p[i-1]=p[i-1]-'a'+'A';
        i++;
    }
}
```

```
void main()
{ char s1[100]="ab cd EFG !";
  fun(s1);
  printf("%s\n",s1);
}
```

程序的输出结果是(   )。

A．ab cd EFg !   B．Ab Cd EFg !   C．ab cd EFG !   D．aB cD EFG !

33．有以下程序：

```
#include <stdio.h>
int f(int x)
{ int y;
  if(x==0||x==1)
     return(3);
  y=x*x-f(x-2);
  return y;
}
void main()
{ int z;
  z=f(3);
  printf("%d\n",z);
}
```

程序的输出结果是(   )。

A．0   B．9   C．6   D．8

34．有以下程序：

```
#include <stdio.h>
int fun(int x[],int n)
{ static int sum=0,i;
  for(i=0;i<n;i++)
     sum+=x[i];
  return sum;
}
void main()
{ int a[]={1,2,3,4,5},b[]={6,7,8,9},s=0;
  s=fun(a,5)+fun(b,4);
  printf("%d\n",s);
}
```

程序的输出结果是(   )。

A．55   B．50   C．45   D．60

35．有以下结构体说明、变量定义和赋值语句：

```
struct STD
{ char name[10];
  int age;
  char sex;
```

```
}s[5],*ps;
ps=&s[0];
```

则下列 scanf 函数调用语句有错误的是( )。

A．scanf("%s",s[0].name);   B．scanf("%d",&s[0].age);
C．scanf("%c",&(ps->sex));   D．scanf("%d",ps->age);

36．若有以下语句：

```
typedef struct S
{ int g;
  char h;
} T;
```

下列叙述中正确的是( )。

A．可用 S 定义结构体变量   B．可用 T 定义结构体变量
C．S 是 struct 类型的变量   D．T 是 struct S 类型的变量

37．有以下程序：

```
#include <stdio.h>
#include <string.h>
struct A
{ int a;
  char b[10];
  double c;
};
void main()
{ struct A f(struct A t);
  struct A a={1001,"ZhangDa",1098.0};
  a=f(a);
  printf("%d,%s,%6.1f\n",a.a,a.b,a.c);
}
struct A f(struct A t)
{ t.a=1002;
  strcpy(t.b , "ChangRong");
  t.c=1202.0;
  return t;
}
```

程序的输出结果是( )。

A．1002,ZhangDa,1202.0   B．1002,ChangRong,1202.0
C．1001,ChangRong,1098.0   D．1001,ZhangDa,1098.0

38．设有宏定义：#define IsDIV(k,n) ((k%n==1)?1:0)，且变量 m 已正确定义并赋值，则宏调用 IsDIV(m,5)&&IsDIV(m,7)为真时所要表达的是( )。

A．判断 m 是否能被 5 和 7 整除

B．判断 m 被 5 和 7 整除是否都余 1

C．判断 m 被 5 或 7 整除是否余 1

D．判断 m 是否能被 5 或 7 整除

39. 有以下程序：

```
#include <stdio.h>
void main()
{   int a=1,b=2,c=3,x;
    x=(a^b)&c;
    printf("%d\n",x);
}
```

程序的输出结果是(   )。
A. 3   B. 1   C. 2   D. 0

40. 有以下程序：

```
#include <stdio.h>
void main()
{   FILE *fp;
    int k,n,a[6]={1,2,3,4,5,6};
    fp=fopen("d2.dat","w");
    fprintf(fp,"%d%d%d\n",a[0],a[1],a[2]);
    fprintf(fp,"%d%d%d\n",a[3],a[4],a[5]);
    fclose(fp);
    fp=fopen("d2.dat","r");
    fscanf(fp,"%d%d",&k,&n);
    printf("%d %d\n",k,n);
    fclose(fp);
}
```

程序的输出结果是(   )。
A. 1 2   B. 1 4   C. 123 4   D. 123 456

二、操作题(每题20分，共60分)

1. 程序填空题

请补充函数 fun，该函数的功能是求一维数组 x[N]的平均值，并对所得结果进行四舍五入(保留两位小数)。例如，当 x[10]={15.6,19.9,16.7,15.2,18.3,12.1,15.5,11.0,10.0,16.0}，则输出结果为 avg=15.030000。

注意：请勿改动主函数 main 和其他函数中的任何内容，仅在函数 fun 中的横线上填入所编写的表达式或语句。

试题程序如下。

```
#include <stdio.h>
#include <math.h>
double fun(double x[10])
{   int i;
    long t;
    double avg=0.0;
    double sum=0.0;
    for(i=0;i<10;i++)
```

```
        /**********SPACE**********/
        _____;
    avg=sum/10;
    /**********SPACE**********/
    avg=_____;
    /**********SPACE**********/
    t=_____;
    avg=(double)t/100;
    return avg;
}
void main()
{   double avg,x[10]={15.6,19.9,16.7,15.2,18.3,12.1,15.5,11.0,10.0,16.0};
    int i;
    printf("\nThe original data is:\n");
    for(i=0;i<10;i++)
       printf("%6.1f",x[i]);
    printf("\n\n");
    avg=fun(x);
    printf("average=%f\n\n",avg);
}
```

2. 程序改错题

下列给定程序中，函数 fun 的功能是先从键盘上输入一个 3 行 3 列的矩阵的各个元素的值，然后输出主对角线元素之积。请改正函数 fun 中的错误，使它能得出正确的结果。

注意：不要改动 main 函数，不得增行或删行，也不得更改程序的结构。

试题程序如下。

```
#include <stdio.h>
int fun()
{   int a[3][3],mul;
    int i,j;
    mul=1;
    for(i=0;i<3;i++)
    {   /**********SPACE**********/
        for(i=0;j<3;j++)
          scanf("%d",&a[i][j]);
    }
    for(i=0;i<3;i++)
       /**********SPACE**********/
       mul=mul*a[i][j];
    printf("Mul=%d\n",mul);
    return mul;
}
void main()
{   fun();
}
```

3. 程序设计题

学生的记录由学号和成绩组成，N 名学生的数据已在主函数中存放在结构体数组 s 中，请编写函数 fun，其功能是把分数最低的学生数据放在 h 所指的数组中。注意：分数最低的学生可能不止一个，函数返回分数最低学生的人数。

注意：请勿改动主函数 main 和其他函数中的任何内容，仅在函数 fun 的花括号中填入所编写的语句。

试题程序如下。

```c
#include <stdio.h>
#define N 16
typedef struct
{ char num[10];
  int s;
}STREC;
int fun(STREC *a,STREC *b)
{ /**********Program**********/



  /********** End **********/}
void main()
{ STREC s[N]={{"GA005",82},{"GA003",75},{"GA002",85},{"GA004",78},
              {"GA001",95},{"GA007",62},{"GA008",60},{"GA006",85},
              {"GA015",83},{"GA013",94},{"GA012",78},{"GA014",97},
              {"GA011",60},{"GA017",65},{"GA018",60},{"GA016",74}};
  STREC h[N];
  int i,n;
  FILE *out;
  n=fun(s,h);
  printf("The %d lowest score:\n",n);
  for(i=0;i<N;i++)
     printf("%s %4d\n",h[i].num,h[i].s);/*输出最低分学生的学号和成绩*/
  printf("\n");
  out=fopen("out19.dat","w");
  fprintf(out,"%d\n",n);
  for(i=0;i<N;i++)
     fprintf(out,"%4d\n",h[i].s);
  fclose(out);
}
```

附　　录

附录 A　实验报告参考样本

上机题目			
班　　级		学　　号	
姓　　名		实验时间	年　　月　　日
指导教师		成　　绩	

一、实验目的

二、实验内容（均要求给出运行结果）

附录 B　课程设计报告参考样本

《计算机程序设计基础(C 语言)》(小二号，加粗)

课程设计报告(一号，加粗)

姓　　名：_____(四号，加粗)

学　　号：_____

班　　级：_____

指导教师：_____

成　　绩：_____

完成时间：_____

附　录

目录(二号，加粗)

（目录要求自动生成）

一、实践目的(小四号，加粗)

[内容] (宋体，五号)

二、基本要求

[内容] (宋体，五号)

三、系统分析

1. 系统需求
2. 总体设计

[内容] (宋体，五号)

四、详细设计

1. 界面设计
2. 数据结构
3. 程序代码

[内容] (宋体，五号)

五、测试运行结果

[内容] (宋体，五号)

六、课程设计总结

[内容] (宋体，五号)

七、教师评语

附录 C C 语言常见错误(中英对照)

　　C 语言程序的最大特点是小巧、灵活、高效。事实上，C 语言编译的程序对语法检查并不像其他高级语言那样严格，因此程序设计者可以灵活运用所学知识进行程序设计，但是这个灵活性有时会给程序调试带来不便，尤其对初学者而言，更是难以找到并更正程序中的逻辑错误或语法错误。下面将编译 C 语言程序时出现的错误进行汇总分析，以供读者参考。

```
fatal error C1003: error count exceeds number; stopping compilation
```

中文对照：错误太多，停止编译。
分析：修改之前的错误，再次编译。

```
fatal error C1004: unexpected end of file found
```

中文对照：文件未结束。
分析：一个函数或一个结构定义缺少"}"，或者在一个函数调用或表达式中括号没有配对出现，或者注释符"/*...*/"不完整等。

```
fatal error C1083: Cannot open include file: 'xxx': No such file or directory
```

中文对照：无法打开头文件 xxx：没有这个文件或路径。
分析：头文件不存在，或者头文件拼写错误，或者文件为只读。

```
fatal error C1903: unable to recover from previous error(s); stopping compilation
```

中文对照：无法从之前的错误中恢复，停止编译。
分析：引起错误的原因很多，建议先修改之前的错误。

```
error C2001: newline in constant
```

中文对照：常量中创建新行。
分析：字符串常量多行书写。

```
error C2006: #include expected a filename, found 'identifier'
```

中文对照：#include 命令中需要文件名。
分析：一般是头文件未用一对双引号或尖括号括起来，如#include stdio.h。

```
error C2007: #define syntax
```

中文对照：#define 语法错误。
分析：例如，#define 后缺少宏名。

```
error C2008: 'xxx' : unexpected in macro definition
```

中文对照：宏定义时出现了意外的 xxx。

附　录

`error C2009: reuse of macro formal 'identifier'`

中文对照：带参宏的形式参数重复使用。
分析：宏定义如有参数不能重名，如#define s(a,a) (a*a)中参数 a 重复。

`error C2010:'character' : unexpected in macro formal parameter list`

中文对照：带参宏的参数表中出现未知字符。
分析：例如，#define s(r|) r*r 中参数多了一个字符"|"。

`error C2014: preprocessor command must start as first nonwhite space`

中文对照：预处理命令前面只允许空格。
分析：每一条预处理命令都应独占一行，不应出现其他非空格字符。

`error C2015: too many characters in constant`

中文对照：常量中包含多个字符。
分析：字符型常量的单引号中只能有一个字符，或者是以"\"开始的一个转义字符。

`error C2017: illegal escape sequence`

中文对照：转义字符非法。
分析：一般是转义字符位于 '' 或 "" 之外，如 char error = ' '\n;。

`error C2018: unknown character '0xhh'`

中文对照：未知的字符 0xhh。
分析：一般是输入了中文标点符号，如 char error = 'E'；中"；"为中文标点符号。

`error C2019: expected preprocessor directive, found 'character'`

中文对照：期待预处理命令，但有无效字符。
分析：一般是预处理命令的"#"号后误输入了其他无效字符，如#!define TRUE 1。

`error C2021: expected exponent value, not 'character'`

中文对照：期待指数值，不能是字符。
分析：一般是浮点数的指数表示形式有误，如 123.456E。

`error C2039: 'identifier1' : is not a member of 'idenifier2'`

中文对照：标识符 1 不是标识符的成员。
分析：程序错误地调用或引用结构体、共用体、类的成员。

`error C2048: more than one default`

中文对照：default 语句多于一个。
分析：switch 语句中只能有一个 default 语句，应删去多余的 default 语句。

`error C2050: switch expression not integral`

中文对照：switch 表达式不是整型的。

分析：switch 表达式必须是整型(或字符型)，如 switch ("a")中表达式为字符串，这是非法的。

```
error C2051: case expression not constant
```

中文对照：case 表达式不是常量。
分析：case 表达式应为常量表达式，如 case "a"中"a"为字符串，这是非法的。

```
error C2052: 'type' : illegal type for case expression
```

中文对照：case 表达式类型非法。
分析：case 表达式必须是一个整型常量(包括字符型)。

```
error C2057: expected constant expression
```

中文对照：期待常量表达式。
分析：一般是定义数组时数组长度不是常量，如 int n=10; int a;中 n 为变量，是非法的。

```
error C2058: constant expression is not integral
```

中文对照：常量表达式不是整数。
分析：一般是定义数组时，数组长度不是整型常量。

```
error C2059: syntax error : 'xxx'
```

中文对照：xxx 语法错误。
分析：引起错误的原因很多，可能多加或少加了符号 xxx 。

```
error C2064: term does not evaluate to a function
```

中文对照：无法识别函数语言。
分析：函数参数有误，表达式可能不正确，如 sqrt(s(s-a)(s-b)(s-c));中表达式不正确；变量与函数重名或该标识符不是函数，如 int i,j; j=i();中 i 不是函数。

```
error C2065: 'xxx' : undeclared identifier
```

中文对照：未定义的标识符 xxx。
分析：如果 xxx 为 cout、cin、scanf、printf、sqrt 等，则程序中包含头文件有误；未定义变量、数组、函数原型等，注意拼写错误或区分大小写。

```
error C2078: too many initializers
```

中文对照：初始值过多。
分析：一般是数组初始化时，初始值的个数大于数组长度，如 int b={1,2,3};。

```
error C2082: redefinition of formal parameter 'xxx'
```

中文对照：重复定义形式参数 xxx。
分析：函数首部中的形式参数不能在函数体中再次被定义。

```
error C2084: function 'xxx' already has a body
```

中文对照：已定义函数 xxx。

分析：在 VC++早期版本中函数不能重名，Microsoft Visual C++2010 Express 中支持函数的重载，函数名相同但参数不一样。

> error C2086: 'xxx' : redefinition

中文对照：标识符 xxx 重定义。
分析：变量名、数组名重名。

> error C2087: '<Unknown>' : missing subscript

中文对照：下标未知。
分析：一般是定义二维数组时，未指定第二维的长度，如 int a[];。

> error C2100: illegal indirection

中文对照：非法的间接访问运算符"*"。
分析：对非指针变量使用"*"运算。

> error C2105: 'operator' needs l-value

中文对照：操作符需要左值。
分析：例如，(a+b)++;语句中"++"运算符无效。

> error C2106: 'operator': left operand must be l-value

中文对照：操作符的左操作数必须是左值。
分析：例如，a+b=1;语句中"="运算符左值必须为变量，不能是表达式。

> error C2110: cannot add two pointers

中文对照：两个指针量不能相加。
分析：例如，int *pa,*pb,*a; a = pa + pb;中两个指针变量不能进行"+"运算。

> error C2117: 'xxx' : array bounds overflow

中文对照：数组 xxx 边界溢出。
分析：一般是字符数组初始化时，字符串长度大于字符数组长度，如 char str = "abcd";。

> error C2118: negative subscript or subscript is too large

中文对照：下标为负或下标太大。
分析：一般是定义数组或引用数组元素时，下标不正确。

> error C2124: divide or mod by zero

中文对照：被零除或对零求余。
分析：例如，int i = 1 / 0;中除数为 0 。

> error C2133: 'xxx' : unknown size

中文对照：数组 xxx 长度未知。
分析：一般是定义数组时，未初始化也未指定数组长度，如 int a[];。

> error C2137: empty character constant

中文对照：字符型常量为空。
分析：一对单引号" "中不能没有任何字符。

```
error C2143: syntax error : missing 'token1' before 'token2'
error C2146: syntax error :
missing 'token1' before identifier 'identifier'
```

中文对照：在标识符或语言符号 2 前漏写语言符号 1。
分析：可能缺少"{"")"或";"等语言符号。

```
error C2144: syntax error : missing ')' before type 'xxx'
```

中文对照：在 xxx 类型前缺少")"。
分析：一般是函数调用时，定义了实参的类型。

```
error C2181: illegal else without matching if
```

中文对照：非法的、没有与 if 相匹配的 else。
分析：可能多加了";"或复合语句没有使用"{}"。

```
error C2196: case value '0' already used
```

中文对照：case 值 0 已使用。
分析：case 后常量表达式的值不能重复出现。

```
error C2296: '%' : illegal, left operand has type 'float'
error C2297: '%' : illegal, right operand has type 'float'
```

中文对照："%"运算符的左(右)操作数类型为 float，这是非法的。
分析：求余运算的对象必须均为 int 类型，应正确定义变量类型或使用强制类型转换。

```
error C2371: 'xxx' : redefinition; different basic types
```

中文对照：标识符 xxx 重定义；基类型不同。
分析：定义变量、数组等时重名。

```
error C2440: '=' : cannot convert from 'char ' to 'char'
```

中文对照：赋值运算，无法将字符数组转换为字符。
分析：不能用字符串或字符数组对字符型数据赋值。

```
error C2447: missing function header (old-style formal list?)
```

中文对照：缺少函数标题(是否为老式的形式表？)。
分析：函数定义不正确，函数首部的"( )"后多了分号，或者采用了老式的 C 语言的形参表。

```
error C2450: switch expression of type 'xxx' is illegal
```

中文对照：switch 表达式为非法的 xxx 类型。
分析：switch 表达式类型应为 int 或 char。

```
error C2466: cannot allocate an array of constant size 0
```

中文对照：不能分配长度为 0 的数组。
分析：一般是定义数组时，数组长度为 0。

```
error C2601: 'xxx' : local function definitions are illegal
```

中文对照：函数 xxx 定义非法。
分析：一般是在一个函数的函数体中定义另一个函数。

```
error C2632: 'type1' followed by 'type2' is illegal
```

中文对照：类型 1 后紧接着类型 2，这是非法的。
分析：例如，int float i;语句非法。

```
error C2660: 'xxx' : function does not take n parameters
```

中文对照：函数 xxx 不能带 n 个参数。
分析：调用函数时实参个数不对，如 sin(x,y);。

```
error C2676: binary '<<' : 'class istream_withassign' does not define this operator or a conversion to a type acceptable to the predefined operator
error C2676: binary '>>' : 'class ostream_withassign' does not define this operator or a conversion to a type acceptable to the predefined operator
```

分析：">>""<<"运算符使用错误，如 cin<<x;和 cout>>y;。

```
error C4716: 'xxx' : must return a value
```

中文对照：函数 xxx 必须返回一个值。
分析：仅当函数类型为 void 时，才能使用没有返回值的返回命令。

```
fatal error LNK1104: cannot open file "Debug/Cpp1.exe"
```

中文对照：无法打开文件 Debug/Cpp1.exe。
分析：重新编译连接。

```
fatal error LNK1168: cannot open Debug/Cpp1.exe for writing
```

中文对照：不能打开 Debug/Cpp1.exe 文件。
分析：一般是 Cpp1.exe 还在运行，未关闭。

```
fatal error LNK1169: one or more multiply defined symbols found
```

中文对照：出现一个或更多的多重定义符号。
分析：一般与 error LNK2005 一同出现。

```
error LNK2001: unresolved external symbol _main
```

中文对照：未处理的外部标识 main。
分析：一般是 main 拼写错误，如 void mian()。

```
error LNK2005: _main already defined in Cpp1.obj
```

中文对照： main 函数已经在 Cpp1.obj 文件中定义。
分析：未关闭上一程序的工作空间，导致出现多个 main 函数。

```
warning C4067: unexpected tokens following preprocessor directive -
expected a newline
```
中文对照：预处理命令后出现意外的符号——期待新行。
分析：例如，#include<iostream.h>;命令后的";"为多余的字符。

```
warning C4091: '' : ignored on left of 'type' when no variable is declared
```
中文对照：当没有声明变量时，忽略类型说明。
分析：例如，语句 int;未定义任何变量，不影响程序执行。

```
warning C4101: 'xxx' : unreferenced local variable
```
中文对照：变量 xxx 定义了但未使用。
分析：可去掉该变量的定义，不影响程序执行。

```
warning C4244: '=' : conversion from 'type1' to 'type2', possible loss of data
```
中文对照：赋值运算，从数据类型1转换为数据类型2，可能丢失数据。
分析：需正确定义变量类型，当数据类型1为 float 或 double、数据类型2为 int 时，结果有可能不正确；当数据类型1为 double、数据类型2为 float 时，不影响程序结果，可忽略该警告。

```
warning C4305: 'initializing' : truncation from 'const double' to 'float'
```
中文对照：初始化，截取双精度常量为 float 类型。
分析：出现在对 float 类型变量赋值时，一般不影响最终结果。

```
warning C4390: ';' : empty controlled statement found; is this the intent?
```
中文对照：";"控制语句为空语句，是程序的意图吗？
分析：if 语句的分支或循环控制语句的循环体为空语句，一般是多加了";"。

```
warning C4508: 'xxx' : function should return a value; 'void' return type assumed
```
中文对照：函数 xxx 应有返回值，假定返回类型为 void。
分析：一般是未定义 main 函数的类型为 void，不影响程序执行。

```
warning C4552: 'operator' : operator has no effect; expected operator with side-effect
```
中文对照：运算符无效果；期待副作用的操作符。
分析：例如，i+j;语句中"+"运算无意义。

```
warning C4553: '==' : operator has no effect; did you intend '='?
```
中文对照："=="运算符无效；是否为"="？
分析：例如，i==j;语句中"=="运算无意义。

```
warning C4700: local variable 'xxx' used without having been initialized
```

中文对照：变量 xxx 在使用前未初始化。

分析：变量未赋值，结果有可能不正确，如果变量通过 scanf 函数赋值，则有可能漏写 "&" 运算符，或者变量通过 cin 赋值，语句有误。

```
warning C4715: 'xxx' : not all control paths return a value
```

中文对照：函数 xxx 不是所有控制路径都有返回值。

分析：一般是在函数的 if 语句中包含 return 语句，当 if 语句的条件不成立时，没有返回值。

```
warning C4723: potential divide by 0
```

中文对照：有可能被 0 除。

分析：表达式值为 0 时不能作为除数。

参 考 文 献

谭浩强，2012. C 程序设计试题汇编[M]. 3 版. 北京：清华大学出版社.
夏耘，吉顺如，王学光，2008. 大学程序设计(C)实践手册[M]. 上海：复旦大学出版社.
郭有强，等，2009. C 语言程序设计实验指导与课程设计[M]. 北京：清华大学出版社.
李丹程，刘莹，那俊，2018. C 语言程序设计案例实践[M]. 2 版. 北京：清华大学出版社.
段兴，2002. C 语言实用程序设计 100 例[M]. 北京：人民邮电出版社.
胡学钢，王浩，2003. 计算机科学与技术专业软件系列课程实践教程[M]. 合肥：合肥工业大学出版社.
姜雪，王毅，刘立君，2009. C 语言程序设计实验指导[M]. 北京：清华大学出版社.
谭浩强，张基温，2006. C 语言程序设计教程[M]. 3 版. 北京：高等教育出版社.